工业机器人系统集成

总主编　谭立新
主　编　谭立新　张宏立
副主编　付子霞　罗清鹏
　　　　熊桑武　彭梁栋

北京理工大学出版社
BEIJING INSTITUTE OF TECHNOLOGY PRESS

内 容 简 介

本书针对行业应用,将工业机器人的五种系统集成与典型应用分别举例进行分析。全书从开发应用项目软件平台环境搭建与配置开始讲解,介绍了各平台工业机器人操作时需要的开发环境与基本配置,然后分别讲解了工业机器人在弧焊、分拣插件、搬运码垛、自动锁螺丝、抛光打磨、铣削加工等方面的典型应用,这些典型应用均通过实践操作而来。最后,用工业机器人系统集成——综合应用来作为总结,主要讲解分拣与码垛,配合组成一条流水式的生产线。

书中内容简明扼要、图文并茂、通俗易懂,适合作为高等职业院校工业机器人技术、电气自动化技术等相关专业学生教材,也可供相关工程技术人员作为参考书使用。

图书在版编目(CIP)数据

工业机器人系统集成／谭立新,张宏立主编. –– 北
京：北京理工大学出版社,2021.8
ISBN 978 – 7 – 5763 – 0275 – 2

Ⅰ．①工… Ⅱ．①谭… ②张… Ⅲ．①工业机器人 –
系统集成技术 – 高等职业教育 – 教材 Ⅳ．①TP242.2

中国版本图书馆 CIP 数据核字(2021)第 177595 号

出版发行／北京理工大学出版社有限责任公司
社　　址／北京市海淀区中关村南大街 5 号
邮　　编／100081
电　　话／(010) 68914775 (总编室)
　　　　　(010) 82562903 (教材售后服务热线)
　　　　　(010) 68944723 (其他图书服务热线)
网　　址／http：//www.bitpress.com.cn
经　　销／全国各地新华书店
印　　刷／唐山富达印务有限公司
开　　本／787 毫米 × 1092 毫米　1/16
印　　张／17.5　　　　　　　　　　　　　　　　　责任编辑／江　立
字　　数／407 千字　　　　　　　　　　　　　　　文案编辑／江　立
版　　次／2021 年 8 月第 1 版　2021 年 8 月第 1 次印刷　　责任校对／周瑞红
定　　价／76.00 元　　　　　　　　　　　　　　　责任印制／施胜娟

总 序

2017 年 3 月，北京理工大学出版社首次出版了工业机器人技术系列教材，该系列教材是全国工业和信息化职业教育教学指导委员会研究课题《系统论视野下的工业机器人技术专业标准与课程体系开发》的核心成果，其针对工业机器人本身特点、产业发展与应用需求，以及高职高专工业机器人技术专业的教材在产业链定位不准、没有形成独立体系、与实践联系不紧密、教材体例不符合工程项目的实际特点等问题，提出运用系统论基本观点和控制论的基本方法，在系统全面调研分析工业机器人全产业链基础上，提出了工业机器人产业链、人才链、教育链及创新链"四链"融合的新理论，引导高职高专工业机器人技术建设专业标准及开发教材体系，在教材定位、体系构建、材料组织、教材体例、工程项目运用等方面形成了自己的特色与创新，并在信息技术应用与教学资源开发上做了一定的探索。主要体现在：

一是面向工业机器人系统集成商的教材体系定位。主体面向工业机器人系统集成商，主要面向工业机器人集成应用设计、工业机器人操作与编程、工业机器人集成系统装调与维护、工业机器人及集成系统销售与客服五类岗位，兼顾智能制造自动化生产线设计开发、装配调试、管理与维护等。

二是工业应用系统集成核心技术的教材体系构建。以工业机器人系统集成商的工作实践为主线构建，以工业机器人系统集成的工作流程（工序）为主线构建专业核心课程与教材体系，以学习专业核心课程所必需的知识和技能为依据构建专业支撑课程；以学生职业生涯发展为依据构建公共文化课程的教材体系。

三是基于"项目导向、任务驱动"的教学材料组织。以项目导向、任务驱动进行教学材料组织，整套教材体系是一个大的项目——工业机器人系统集成，每本教材是一个二级项目（大项目的一个核心环节），而每本教材中的项目又是二级项目中一个子项（三级项目），三级项目由一系列有逻辑关系的任务组成。

四是基于工程项目过程与结果需求的教材编写体例。以"项目描述、学习目标、知识准备、任务实现、考核评价、拓展提高"六个环节为全新的教材编写体例，全面系统体现工业机器人应用系统集成工程项目的过程与结果需求及学习规律。

该教材体系系统解决了现行工业机器人教材理论与实践脱节的问题，该教材体系以实践为主线展开，按照项目、产品或工作过程展开，打破或不拘泥于知识体系，将各科知识融入项目或产品制作过程中，实现了"知行合一""教学做合一"，让学生学会运用已知的知识和已经掌握的技能，去学习未知的专业知识和掌握未知的专业技能，解决未知的生产实际问题，符合教学规律、学生专业成长成才规律和企业生产实践规律，实现了人类认识自然的本原方式的回归。经过四年多的应用，目前全国使用该教材体系的学校已超过140所，用量超过十万多册，以高职院校为主体，包括应用本科、技师学院、技工院校、中职学校及企业岗前培训等机构，其中《工业机器人操作与编程（KUKA）》获"十三五"职业教育国家规划教材和湖南省职业院校优秀教材等荣誉。

随着工业机器人自身理论与技术的不断发展、其应用领域的不断拓展及细分领域的深化、智能制造对工业机器人技术要求的不断提高，工业机器人也在不断向环境智能化、控制精细化、应用协同化、操作友好化提升。随着"00"后日益成为工业机器人技术的学习使用与设计开发主体，对个性化的需求提出了更高的要求。因此，在保持原有优势与特色的基础上，如何与时俱进，对该教材体系进行修订完善与系统优化成为第2版的核心工作。本次修订完善与系统优化主要从以下四个方面进行：

一是基于工业机器人应用三个标准对接的内容优化。实现了工业机器人技术专业建设标准、产业行业生产标准及技能鉴定标准（含工业机器人技术"1 + X"的技能标准）三个标准的对接，对工业机器人专业课程体系进行完善与升级，从而完成对工业机器人技术专业课程配套教材体系与教材及其教学资源的完善、升级、优化等；增设了《工业机器人电气控制与应用》教材，将原体系下《工业机器人典型应用》重新优化为《工业机器人系统集成》，突出应用性与针对性及与标准名称的一致性。

二是基于新兴应用与细分领域的项目优化。针对工业机器人应用系统集成在近五年工业机器人技术新兴应用领域与细分领域的新理论、新技术、新项目、新应用、新要求、新工艺等对原有项目进行了系统性、针对性的优化，对新的应用领域的工艺与技术进行了全面的完善，特别是在工业机器人应用智能化方面进一步针对应用领域加强了人工智能、工业互联网技术、实时监控与过程控制技术等智能技术内容的引入。

三是基于马克思主义哲学观与方法论的育人强化。新时代人才培养对教材及其体系建设提出了新要求，工业机器人技术专业的职业院校教材体系要全面突出"为党育人、为国育才"的总要求，强化课程思政元素的挖掘与应用，在第2版教材修订过程中充分体现与融合运用马克思主义基本观点与方法论及"专注、专心、专一、精益求精"的工匠精神。

四是基于因材施教与个性化学习的信息智能技术融合。针对新兴应用技术及细分领域及传统工业机器人持续应用领域，充分研究高职学生整体特点，在配套课程教学资源开发方面进行了优化与定制化开发，针对性开发了项目实操案例式MOOC等配套教学资源，教学案例丰富，可拓展性强，并可针对学生实践与学习的个性化情况，实现智能化推送学习建议。

因工业机器人是典型的光、机、电、软件等高度一体化产品，其制造与应用技术涉及机械设计与制造、电子技术、传感器技术、视觉技术、计算机技术、控制技术、通信技术、人工智能、工业互联网技术等诸多领域，其应用领域不断拓展与深化，技术不断发展与进步，本教材体系在修订完善与优化过程中肯定存在一些不足，特别是通用性与专用性的平衡、典型性与普遍性的取舍、先进性与传统性的综合、未来与当下、理论与实践等各方面的思考与运用不一定是全面的、系统的。希望各位同仁在应用过程中随时提出批评与指导意见，以便在第 3 版修订中进一步完善。

谭立新

2021 年 8 月 11 日于湘江之滨听雨轩

前言

历史上第一台工业机器人，是用于通用汽车的材料处理工作，随着机器人技术的不断进步与发展，它们可以做的工作也变得多样化起来，可用于喷涂、码垛、搬运、包装、焊接、装配等工作。目前，工业机器人用于机械加工应用的占2%，用于装配应用的占10%，用于焊接应用的占29%，用于搬运的占38%。

本书针对行业应用，将这五种不同应用分别举例进行分析，全书从开发应用项目软件平台环境搭建与配置开始讲解，介绍了各平台工业机器人操作时需要的开发环境与基本配置。

然后分别讲解了：

● 工业机器人系统集成与典型应用——弧焊
● 工业机器人系统集成与典型应用——分拣插件
● 工业机器人系统集成与典型应用——搬运码垛
● 工业机器人系统集成与典型应用——自动锁螺丝
● 工业机器人系统集成与典型应用——抛光打磨
● 工业机器人系统集成与典型应用——铣削加工

这些系统集成与典型应用，均通过实践操作而来。最后，用工业机器人系统集成——综合应用来作为总结，主要讲解分拣与码垛，配合组成一条流水式的生产线。书中内容简明扼要、图文并茂、通俗易懂，适合作为高等职业院校工业机器人技术、电气自动化技术等相关专业学生教材，也可供相关工程技术人员作为参考书使用。

本书由谭立新、张宏立担任主编，谭立新教授作为整套工业机器人系列丛书的总主编，对整套图书的大纲进行了多次审定、修改，使其在符合实际工作需要的同时，更便于教师授课使用。

在丛书的策划、编写过程中，湖南省电子学会提供了宝贵的意见和建议，在此表示诚挚的感谢。同时感谢为本书中实践操作及视频录制提供大力支持的湖南科瑞特科技股份有限公司。

尽管编者主观上想努力使读者满意，但在书中不可避免尚有不足之处，欢迎读者提出宝贵建议。

编　者

目 录

1

项目 1

开发应用项目软件平台环境搭建与配置

1.1 项目描述

项目 1 开发应用项目
软件平台环境搭建与配置

本项目的主要学习内容包括：各种典型工作站的应用场合及系统构成；ABB RobotStudio 软件和 KUKA WorkVisual 软件的常用功能使用和技巧；工业机器人应用工作站的现场通信总线和 ABB 工业机器人、KUKA 机器人进行通信的设置方式；ABB 工业机器人与 PC 通信的具体方法；工业机器人与 PLC 之间的通信方式和设置技能。要求熟练掌握工业机器人的各种系统集成与典型应用和工业机器人与其他设备之间的现场通信总线方式和使用方法，从而为熟练操作工业机器人打下坚实的基础。

1.2 学习目的

通过本项目的学习让学生了解工业机器人常见的系统集成与典型应用工作站，熟练掌握 ABB RobotStudio 和 KUKA WorkVisual 的常用功能使用技能，熟练掌握各种工业机器人现场通信总线和 PC 端的串口通信，熟练掌握工业机器人与 PLC 之间的总线通信。本项目的内容属于工业机器人实际应用环节，所涉及的内容尤为重要，学生可以按照本项目所讲述的操作方法，进行同步操作，为后续所学更加复杂的内容打下坚实的基础。

1.3 知识准备

1.3.1 工业机器人系统集成与典型应用工作站介绍

本书重点介绍了 6 个最为常用的系统集成与典型应用案例，以汽车整线生产、电子 3C、机械加工行业等工业机器人的系统集成与典型应用为例，最后以一个综合应用案例作为结束，综合练习使用机器人的相关技能，所有案例以项目式教学模式，"先练后讲、先学后

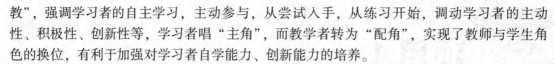

教"，强调学习者的自主学习，主动参与，从尝试入手，从练习开始，调动学习者的主动性、积极性、创新性等，学习者唱"主角"，而教学者转为"配角"，实现了教师与学生角色的换位，有利于加强对学习者自学能力、创新能力的培养。

1. 工业机器人弧焊

工业机器人弧焊项目采用 KUKA 机器人薄板焊接系统集成的 KUKA KR5R1400 机器人，它是专门针对薄板焊接的机器人，其 5 kg 的负载能力尤其适用于完成标准弧焊工作。无论是安装在地面上还是悬挂安装在天花板上，它均能以极高的连续轨迹精确性迅速且有效地完成工作，并同时具有 1 400 mm 的工作范围。此外，其模块化设计也使之成为一种经济型的解决方案。

KUKA 机器人薄板焊接系统集成的产品具有紧凑、精确、灵活、快速的特点，适用于薄板的全位置快速焊接和点焊作业，可焊低钢、低合金结构钢、低合金高强钢、不锈钢、钢、铁、铜、铝、镍等，KUKA 工业机器人弧焊系统如图 1-1 所示。

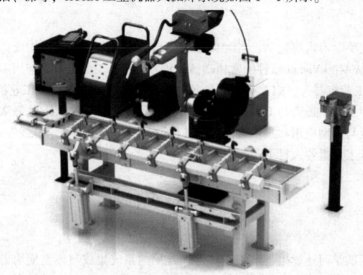

图 1-1 KUKA 工业机器人弧焊系统

2. 工业机器人点焊

随着我国汽车行业的快速发展、国内市场竞争加剧、汽车生产线装备水平的提高，对白车身点焊的可靠性有了更高的要求。采用工业机器人进行白车身点焊，可以大大提高汽车生产线的产能、提高车身强度、降低不良率和人工成本。目前，工业机器人点焊已经成为轿车白车身装配的主要连接方法，且点焊质量与焊接效率对轿车的质量与成本有着重要影响。

本项目以白车身点焊为例，利用 iRB6640 机器人对汽车白车身进行点焊操作。此工作站需要依次完成 I/O 配置、程序数据创建、目标点示教、程序编写及调试，最终完成整个白车身点焊过程，如图 1-2 所示。

3. 工业机器人搬运码垛

本项目以纸箱的搬运码垛为例进行介绍，该工作站采用 ABB iRB6640 机器人完成工位搬运码垛任务，通过本项目的学习，大家可以熟悉工业机器人的码垛应用，学习工业机器

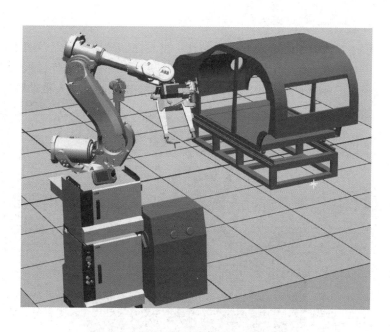

图 1-2　点焊机器人工作站布局

人工位搬运码垛程序的编写技巧。ABB 工业机器人搬运码垛工作站如图 1-3 所示。

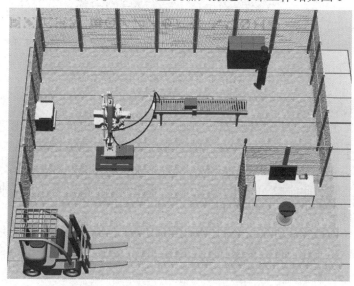

图 1-3　ABB 工业机器人搬运码垛工作站

4. 工业机器人装配及自动锁螺丝

工业机器人装配及自动锁螺丝项目，以目前发展相对迅速的电子 3C 装配中常用的自动锁螺丝为例进行操作，以往在电子行业的外壳锁螺丝基本上是靠大量的人力手工完成，后续又产生了两种方式纯手工拧紧和电动螺丝旋具或气动螺丝旋具拧紧两种，它们通过电动或者气动的方式产生旋转动力，以代替手工频繁的拧紧动作，在某种程度上减轻了锁螺丝的工作强度，但由于手工放置螺丝和对准螺丝头部仍需要占用大量的工作时间和精力，因此整体效率提升比较有限。

使用机器人锁螺丝，由于机器人的高可靠性、重复性、高速的特点，使生产效率大大超过了手工锁螺丝。而且由于其不用休息不用睡觉，可以 24 h 不间断工作，极大地提高了企业的工作效率，减轻了工人的工作强度，图 1 - 4 所示为 ABB 工业机器人自动锁螺丝工作站。

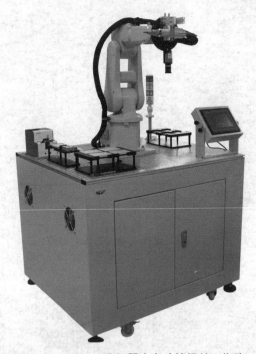

图 1 - 4　ABB 工业机器人自动锁螺丝工作站

5. 工业机器人玻璃涂胶

为了提高汽车的安全性，保障乘车人员的安全，防止在高速行进中紧急制动或撞车时因车窗玻璃装配不牢而使乘客受到伤害，国内外均采用了车窗玻璃直接黏接工艺。这种装配工艺使车窗玻璃与车身结合为一个整体，大大加强了车体的刚性，提高了车窗的密封效果。机器人涂胶正是在此前提下发展起来的。机器人涂胶系统具有生产节拍快、工艺参数稳定、产品一致性好、生产柔性大等优点。

本项目以汽车前挡风玻璃涂胶为例，利用 iRB1410 机器人将胶体均匀地涂抹在玻璃轮廓周围。本工作站中已经预设涂胶效果，需要在此工作站中依次完成 I/O 配置、程序数据创建、目标点示教、程序编写及调试，最终完成汽车玻璃的完整涂胶过程。机器人工作站布局如图 1 - 5 所示。

6. 工业机器人三维加工

常规的零件加工一般都采用专业的数控车床铣床完成，但是对于需要进行三维加工的零件来说，需要更为高端的五轴加工中心才能完成，六轴垂直串联工业机器人结构也是一种性能非常优秀的五轴加工设备，但是在加工精度上还是比专业设备要低一些，基本上用来完成三维零件的粗加工。本工作站适合于工业生产中各种批量工件的雕刻工作，适用于轻质材料的切削、磨削、转孔等加工，木材、尼龙及复合材料的产品造型等。与回转变位机协调运动，使用 RbtPro 离线编程系统可进行复杂工件加工。

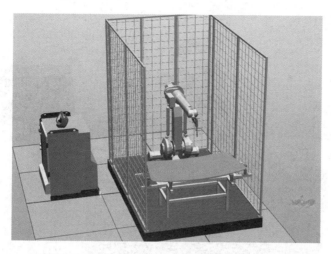

图1-5 ABB工业机器人玻璃涂胶工作站布局

采用ABB iRB6640本体及其一整套操作及控制系统的高端配置；系统包含雕刻主轴（高精度0.8 kW雕刻电主轴）、工件回转平台、机器人进行联动的单轴回转变位机。图1-6所示为ABB工业机器人三维加工工作站。

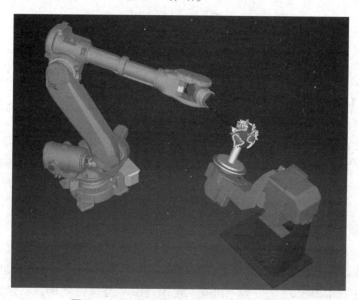

图1-6 ABB工业机器人三维加工工作站

7. 工业机器人综合应用

本项目为工业机器人系统集成与典型应用的结束篇，以多功能工业机器人工作站为综合训练的工作站，综合了搬运、码垛应用，压铸机取件应用，集成视觉分拣、插件应用，自动锁螺丝应用，传送线取件应用，轨迹类应用，TCP标定等教学模块，一机多用，具有丰富的训练素材，机器人工作站布局如图1-7所示。多功能工业机器人工作站采用ABB iRB120为机器人本体。

图 1-7　多功能工业机器人工作站布局

1.3.2　ABB RobotStudio 软件知识准备

本小节介绍 ABB RobotStudio 软件的常用操作，以 ABB RobotStudio 6.03 版本进行介绍，ABB RobotStudio 6.03 版本是 ABB 全新的版本，在操作与功能上做了较大的提升，与以往的 ABB RobotStudio 5.15、ABB RobotStudio 5.61 区别较大，如果读者使用的软件版本较为老，可以升级到最新的版本。

1. 工业机器人系统集成与典型应用工作站的共享操作

在 RobotStudio 软件中，一个完整的机器人工作站既包含前台所操作的工作站文件，也包含一个后台运行的工业机器人系统文件。当需要共享 RobotStudio 软件所创建的工作站时，可以利用"文件"菜单中的"共享"功能，使用其中"打包"功能，可以将所创建的机器人工作站打包成工作包（.rspag 格式文件）；利用"解包"功能，可以将该工作包在另外的计算机上解包使用。图 1-8 所示界面包括"解包"选项，可以解包所打包的文件，启动并恢复虚拟控制器；"打包"选项，创建一个包含虚拟控制器、库和附加选项媒体库的工作站包。

2. 工业机器人中的机器人加载 RAPID 程序模块

在工业机器人应用过程中，如果已有一个程序模块，则可以直接将该模块加载至机器人系统中。例如，已有 1 号机器人程序，2 号机器人的应用与 1 号机器人相同，那么可以将 1 号机器人的程序模块直接导入 2 号机器人中。加载方法有以下两种。

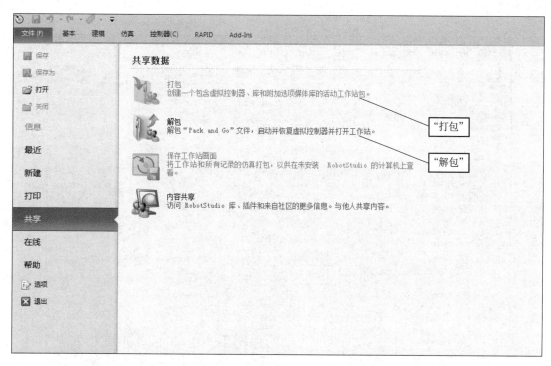

图 1 – 8　ABB RobotStudio 6.03 软件中"打包"和"解包"选项位置

1）软件加载

在 RobotStudio 6.03 软件的任务栏中选择控制器进入 RAPID 中，单击左下角的三角形符号列出下一选项，选择"T_ROB1"，单击鼠标右键，弹出图 1 – 9 所示的快捷菜单，选择"加载模块"命令，用于加载程序模块，选择程序模块，找到需要加载的程序模块，单击"打开"按钮，即可加入程序模块，如图 1 – 10 所示。

2）示教器加载

在示教器中依次选择"ABB 菜单"→"程序编辑器"→"模块"→"文件"→"加载模块"命令，对所需加载的程序进行加载，如图 1 – 11 所示。图 1 – 12 所示为选择需要加载的程序模块。

3. 加载系统参数

在机器人应用过程中，如果已有系统参数文件，则可以直接将该参数文件加载至机器人系统中。例如，已有 1 号机器人 I/O 配置文件，2 号机器人的应用与 1 号机器人相同，那么可以将 1 号机器人的 I/O 配置文件直接导入 2 号机器人中。系统参数文件存放在备份文件夹中 SYSPAR 文件目录下，其中最常用的是 EIO 文件，即机器人 I/O 系统配置文件。对系统参数的加载方法有以下两种。

一种是在 RobotStudio 6.03 软件中，在"控制器"菜单中选择"加载参数"命令，可以用来加载系统参数，如图 1 – 13 所示。另一种是选择"控制器"→"加载参数"命令，选中"载入参数，并替代重复项"单选按钮，如图 1 – 14、图 1 – 15 所示。一般选用第三种加载方式，即载入参数并覆盖重复项。

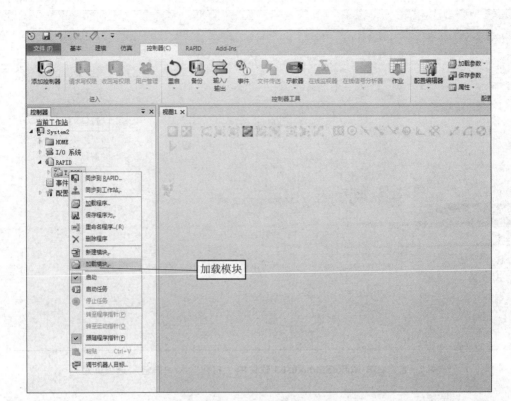

图 1-9　加载模块

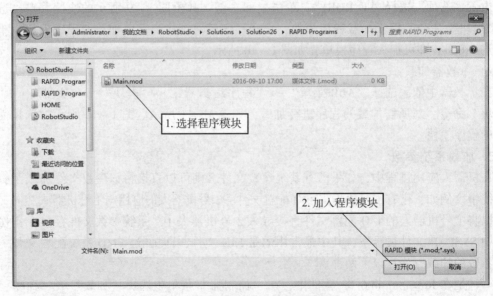

图 1-10　选择需要加载的程序模块

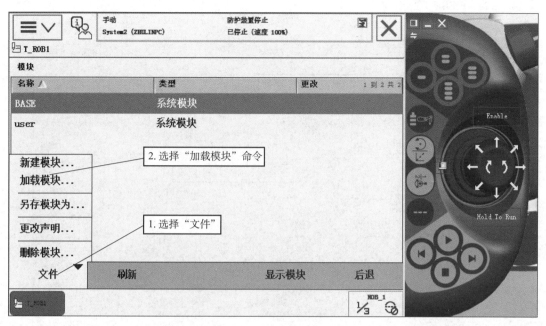

图1-11　示教器"加载模块"

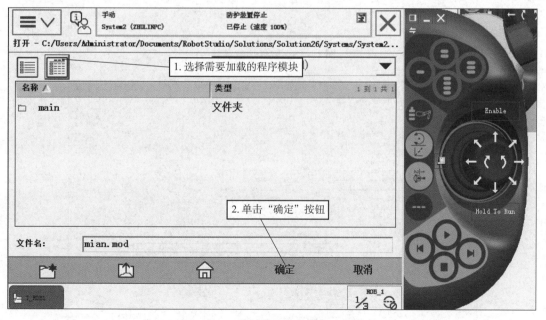

图1-12　选择需要加载的程序模块

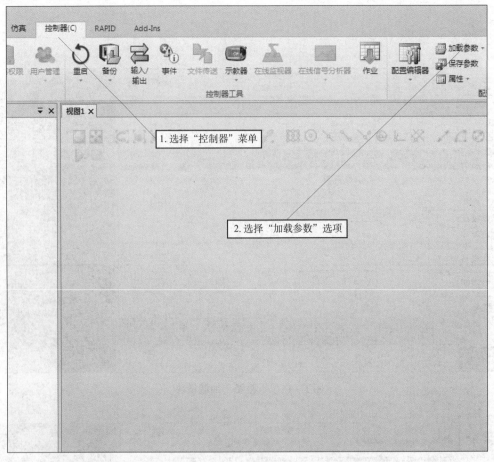

图 1-13　软件加载参数

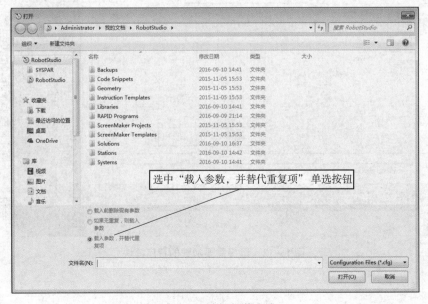

图 1-14　选择加载方式

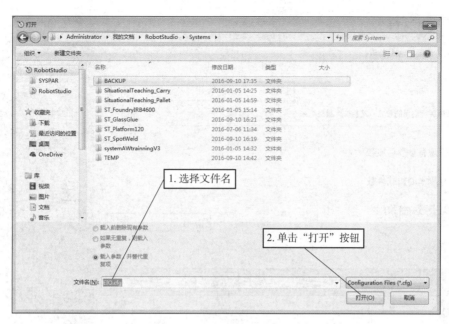

图1-15 选择需要加入的文件

4. 仿真I/O信息

在示教器中依次选择"ABB菜单"→"控制面板"→"配置"→"文件"→"加载参数"选项，加载方式一般也选中第三个单选按钮，即"加载后，覆盖重复项"，之后浏览并找到所需加载的系统参数文件进行加载。如图1-16所示，选择"加载参数"命令，在弹出的窗口中选中"加载参数并替换副本"单选按钮，之后，单击"加载"按钮，如图1-17所示，浏览并找到所需加载的系统参数文件，选择"EIO. cfg"选项，单击"确定"按钮，重新启动即可，如图1-18所示。

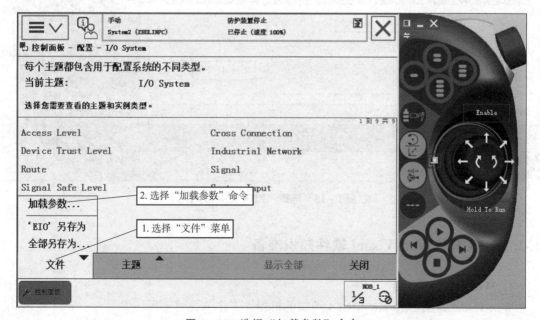

图1-16 选择"加载参数"命令

11

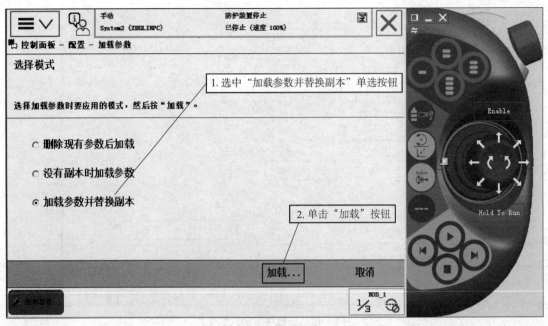

图1-17 选中"加载参数并替换副本"单选按钮

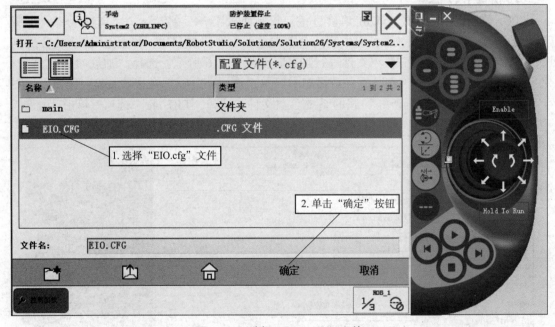

图1-18 选择"EIO.cfg"文件

1.3.3 KUKA WorkVisual 软件知识准备

1. WorkVisual 介绍

WorkVisual 是用于 KUKA KR C4 控制的机器人工作单元的工程环境,本小节以 WorkVisual 4.0 软件为例做简要介绍,图1-19所示为 WorkVisual 4.0 软件的操作界面。它具有以下功能。

（1）架构并连接现场总线。

（2）对机器人离线编程。

（3）配置机器参数。

（4）离线配置 RoboTeam。

（5）编辑安全配置。

（6）编辑工具和基坐标系。

（7）在线定义机器人工作单元。

（8）将项目传送给机器人控制系统。

（9）从机器人控制系统载入项目。

（10）将项目与其他项目进行比较，如果需要则应用差值。

（11）管理长文本。

（12）管理备选软件包。

（13）诊断功能。

（14）在线显示机器人控制系统的系统信息。

（15）配置测量记录、启动测量记录、分析测量记录（用示波器）。

（16）在线编辑机器人控制系统的文件系统。

（17）调试程序。

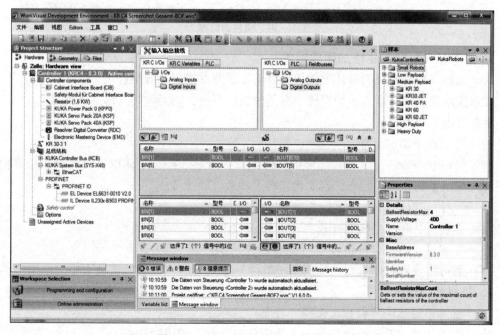

图 1-19　WorksVisual 4.0 软件界面

2. 使用 WorksVisual 打开项目

使用 WorksVisual 软件打开项目，为了也能打开旧版的 WorkVisual 项目，WorkVisual 为旧项目建立一个备份，然后转换项目。事先会显示一个查询，用户必须确认转换。

操作步骤如下所述。

第1步：选择菜单序列文件，打开项目或单击按钮打开项目。

第2步：随即打开项目资源管理器。在左侧选择选项卡打开项目。将显示一个含有各种项目的列表，选定一个项目并单击打开，项目即被打开，如图1-20所示。

第3步：将机器人控制系统设为激活。

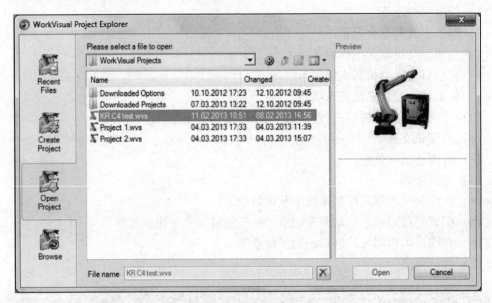

图1-20 项目浏览器

3. 使用 WorksVisual 增加硬件组件

属于机器人控制系统的默认硬件组件自动位于节点控制系统组件下。

如在实际应用的机器人控制系统中有其他组件存在，则必须将其添加到此处。

为此有以下两种方法。

（1）可以逐个添加组件。

（2）可以让 WorkVisual 建议完整的硬件配置，然后选择一个建议。该建议还始终包含为机器人控制系统分配的所有机器人和外部运动系统的硬件。

1）逐个添加组件

（1）在窗口"项目结构"中选择"设备选项卡"。

（2）在编目"KukaControllers"中选择所需的组件。

（3）通过拖放将组件拉到"控制系统组件"节点上的"设备"选项卡中。

2）选择配置建议

（1）在"项目结构"窗口中选择"设备"选项卡。

（2）选中"控制系统组件"节点，然后单击"配置建议"按钮。

打开"配置建议"窗口，如图1-21所示。该控制系统及当前运动系统的最常见配置即被显示。

（3）如果该配置与实际配置相符，则单击"Accept"按钮加以确认。该配置即被应用到"控制系统组件"节点中。

"配置建议"窗口说明见表1-1。

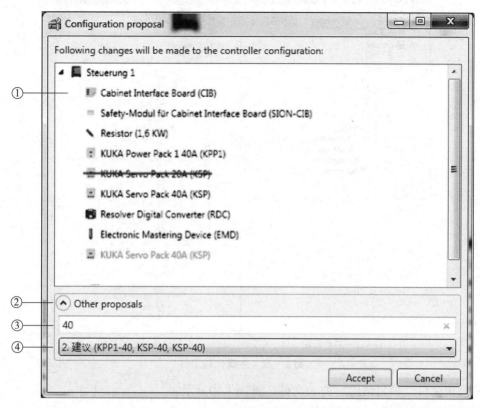

图1-21　"配置建议"窗口

表1-1　"配置建议"窗口说明

项号	说明
①	在此显示所选择的建议。 黑色字体：在"控制系统组件"下现有的组件，且如果采纳建议之后可能仍然存在。 绿色字体：可添加的组件。 被划掉的组件：可删除的组件
②	单击箭头可显示和隐藏项号③和④
③	在此可过滤在项号④下所显示的建议。如果未输入任何过滤条件，则会显示所有可用于控制系统和现有运动系统的配置
④	将此栏展开，以显示建议列表。单击一个建议，以将其选定

4. WorksVisual 下载项目程序与激活运行

1）生成代码

在将一个项目传输到机器人控制系统时，总是先生成代码。通过单独生成的代码，可事先检验生成过程是否有错，如图1-22所示。

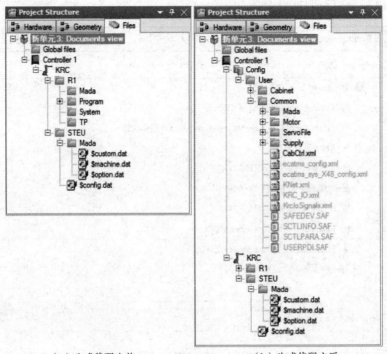

（a）生成代码之前　　　　　　　　　　　（b）生成代码之后

图 1-22　生成代码示例

代码在窗口"项目结构"的"文件"选项卡中显示。

自动生成的代码显示为浅灰色。

操作步骤如下。

在菜单栏中选择"其他"→"生成代码"命令，代码即生成。当过程结束时，信息窗口中显示以下信息提示：

编译了项目 <"{0}" V{1} >。结果见文件树。

2）钉住项目

机器人控制系统上的项目可以被钉住。项目可直接在机器人控制系统上被钉住，或从WorkVisual 钉住。

被钉住的项目可被更改、激活或删除，然而也可被复制或松开。用户可将项目钉住，以避免被无意中删除。

操作步骤如下。

第1步：在菜单栏中选择"文件"→"查找项目"命令，随即打开"资源管理器"项目。在左侧选择"查找"选项卡。

第2步：在"可用的单元"区域展开所需单元的节点。该单元的所有机器人控制系统均显示出来。

第3步：展开所需机器人控制系统的节点，显示所有项目。被钉住的项目以大头针图标显示。

第4步：选择所需项目，并单击"钉住项目"按钮。项目就此钉住（固定），在项目列表中用一个大头针图标显示。

3）将机器人控制系统分配给实际应用的机器人控制系统

用该操作步骤可将项目中的每个机器人控制系统分配给一个实际应用的机器人控制系统。然后，项目可从 WorkVisual 传输到实际应用的机器人控制系统中。

操作步骤如下。

第1步：在菜单栏单击"安装"按钮。打开"WorkVisual 项目传输"窗口。在左侧显示项目中的虚拟机器人控制列表。在右侧显示目标控制系统。如果尚未选择控制系统，则控制系统是灰色显示，如图1–23所示。

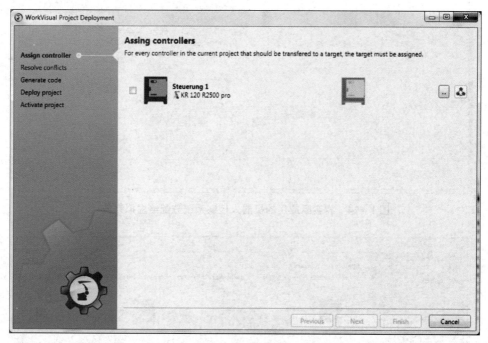

图1–23 将机器人控制系统分配给单元

第2步：在左侧通过选中复选框激活虚拟单元。现在必须给该单元分配一个实际应用的机器人控制系统。

第3步：单击"…"按钮打开一个窗口。筛选器已自动设置，其只显示与虚拟控制系统具有相同类型和版本的控制系统。该设置可以更改。

第4步：选择所需的实际应用的机器人控制系统，并单击"OK"按钮。实际应用的机器人控制系统即分配给了虚拟机器人控制系统。实际应用的机器人控制系统在分配后显示为彩色，并将显示名称和 IP 地址，如图1–24、图1–25所示。

第5步：如果项目有多个机器人控制系统，则为其他机器人控制系统重复步骤3和步骤4。

第6步：单击"继续"按钮，即检查分配是否有冲突。如果有冲突，会显示一条信息。冲突必须解决；否则不能传输项目。如果没有冲突，将自动生成代码。

第7步：该项目现在可被传输给机器人控制系统。

项目也可在以后某时进行传输。为此单击"退出"按钮，分配被保存，"WorkVisual 项目传输"窗口关闭。

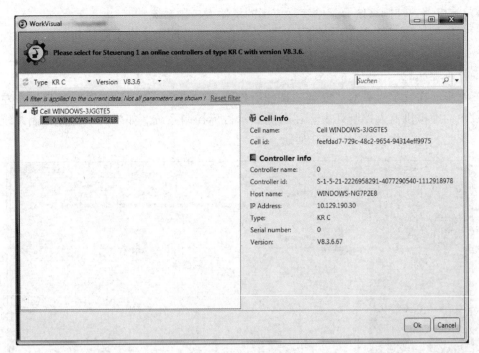

图 1-24　将实际应用的机器人控制系统分配给虚拟系统

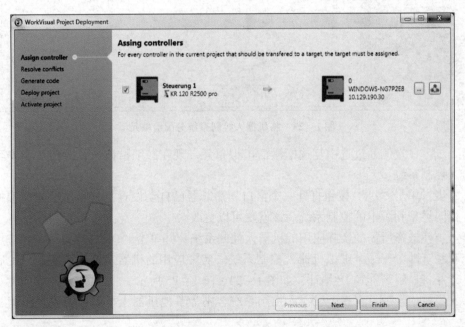

图 1-25　概览

4）将项目传输给机器人控制系统

以此方式将项目从 WorkVisual 传输到实际应用的机器人控制系统中。

操作步骤如下。

第 1 步：在菜单栏中单击"安装"按钮，打开"WorkVisual 项目传输"窗口。

第2步：单击"下一步"按钮，启动程序生成。

第3步：单击"下一步"按钮，项目被传输。

第4步：单击"下一步"按钮。

第5步：仅限于运行方式T1和T2，KUKA smartHMI显示"安全询问允许激活项目［…］吗？"。另外，还显示是否通过激活以覆盖一个项目，如果是的话，是哪一个？如果没有相关的项目要覆盖，在30分钟内回答"是"确认该询问。

第6步：显示相对于机器人控制系统激活项目而进行的更改的概览。通过选中"详细信息"复选框可以显示相关更改的详情。

第7步：概览显示"安全询问是否继续？"，回答"是"。该项目即在机器人控制系统中激活。于是就在WorkVisual中显示一条确认信息，如图1-26所示。

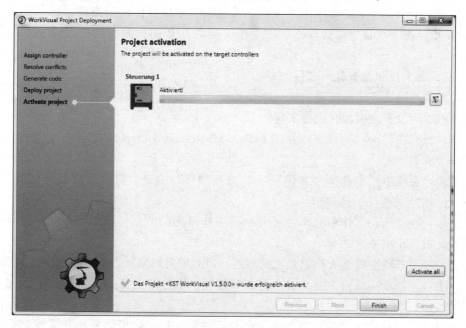

图1-26　WorkVisual中的确认信息

第8步：单击"完成"按钮关闭"WorkVisual项目传输"窗口。

第9步：如果未在30 min内回答机器人控制系统的询问，则项目仍将传输，但在机器人控制系统中不激活。该项目可单独激活。

5）激活项目

（1）项目可在机器人控制系统上从WorkVisual激活。

（2）项目可直接在机器人控制系统中激活。

从WorkVisual激活项目的操作步骤如下。

第1步：在菜单中选择"文件"→"查找项目"命令。随即打开"项目浏览器"窗口。在左侧，已选择"查找"选项卡。

第2步：在"可用工作单元"区展开所需工作单元的节点。该工作单元的所有机器人控制系统均被显示出来。

第3步：展开所需机器人控制系统的节点。所有项目均将显示。激活的项目以一个绿色的小箭头表示。

第4步：选定所需项目并单击"激活项目"按钮，打开"项目传输"窗口。

第5步：单击"继续"按钮。

第6步：仅限于运行方式 T1 和 T2：KUKA smartHMI 显示安全询问"允许激活项目 […] 吗？"。另外，还显示是否通过激活以覆盖一个项目，如果是的话，是哪一个？如果没有相关的项目要覆盖：在 30 min 内回答"是"确认该问询。

第7步：在 KUKA smartHMI 上显示与机器人控制系统中尚未激活的项目相比较所作更改的概览。通过选中"详细信息"复选框可以显示相关更改的详情。

第8步：概览显示安全询问"您想继续吗？"，回答"是"。该项目即在机器人控制系统中激活。对此在 WorkVisual 中即显示一条确认信息。

第9步：在 WorkVisual 中单击"完成"按钮关闭"项目传输"窗口。

第10步：在"项目资源管理器"中单击"更新"按钮，激活的项目以一个绿色的小箭头表示。

6）从机器人控制系统载入项目

在每个具有网络连接的机器人控制系统中都可选出一个项目并载入 WorkVisual 中，即使该计算机里尚没有该项目时也能实现。

该项目保存在目录：…\WorkVisual Projects\Downloaded Projects 之下。

操作步骤如下。

第1步：在菜单栏中选择"文件"→"查找项目"命令，打开"项目浏览器"窗口。在左侧，已选择"查找"选项卡。

第2步：在"可用工作单元"栏展开所需工作单元的节点，该工作单元的所有机器人控制系统均被显示出来。

第3步：展开所需机器人控制系统的节点，所有项目均显示。

第4步：选择所需项目，并单击"打开"按钮。项目将在 WorkVisual 中打开。

7）比较项目

一个 WorkVisual 中的项目可以与另一个项目进行比较。这可以是机器人控制系统上的一个项目或一个本机保存的项目。可以将区别清晰明了地列出。用户可针对每一区别单个决定是否想沿用当前项目中的状态还是想采用其他项目中的状态。

操作步骤如下。

第1步：在 WorkVisual 的菜单中选择"工具"→"比较项目"命令，打开"比较项目"窗口。

第2步：选择当前 WorkVisual 项目要与之比较的项目，如实际应用机器人控制系统上的同名项目，如图 1 – 27 所示。

第3步：单击"继续"按钮，显示一个进度条。

第4步：当进度条充满并且显示"状态：合并准备"就绪时，单击"显示区别"按钮。项目之间的差异即以一览表的形式显示出来，如图 1 – 28 所示。

第5步：针对每种区别，选择是否需要沿用当前项目的状态或需要应用比较项目的状态。不必一次完成对所有差异的这种选择。

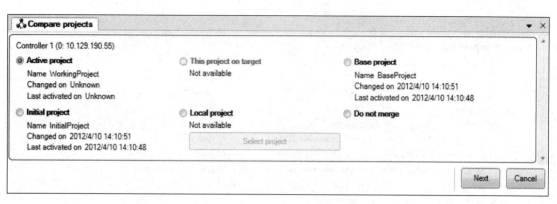

图1-27　选择"比较"项目

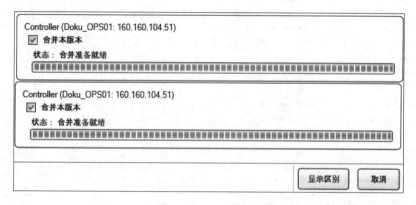

图1-28　进度条示例

第6步：单击"合并"按钮，更改传给 WorkVisual 的应用。

第7步：根据需要重复步骤5和步骤6。这样，可逐步编辑各个区域。

第8步：关闭"比较项目"窗口。

第9步：保存项目。

该显示窗口显示项目所包含的所有机器人控制系统。每个机器人控制系统都显示一个进度条。每个进度条都有一个实际应用的机器人控制系统，项目在前一次传输时已经传输到该系统上。通过选中复选框可选择应为哪些机器人控制系统进行比较，如图1-29、表1-2所示。

若在 WorkVisual 中传输后还添加或删除了机器人控制系统，则这些机器人控制系统将同样在此显示。不过，它们被标记为无效，不能被选择。

项目之间的差异即以一览表的形式显示出来。对于每项的区别，都可选择要应用哪种状态。默认设置如下。

（1）对于在打开的项目中存在的元素，已选定该项目的状态。

（2）对于在打开的项目中不存在的元素，已选定比较项目的状态。

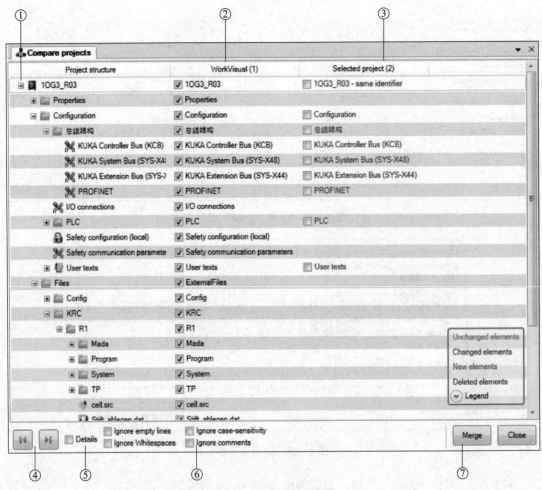

图 1 - 29　区别概览

表 1 - 2　区别概览界面介绍说明表

序号	说　　明
①	机器人控制系统节点。各项目区以子节点表示。展开节点，以显示比较。若有多个机器人控制系统，则这些系统将上下列出。 在一行中始终在需应用的值前勾选。 不可用处的勾表示：不能应用该元素或者当其已存在时，将从项目中删除。 若在一个节点处勾选，则所有下级单元处也都将自动勾选。 若在一个节点处取消勾选，则所有下级单元也将自动取消勾选。 然而，也可单独编辑下级单元。 填满的小方框表示：下级单元中至少有一个被选，但非全选
②	WorkVisual 中所打开项目的状态
③	比较项目中的状态

续表

序号	说　明
④	返回箭头：显示中的焦点跳到前一区别。 向前箭头：显示中的焦点跳到下一区别。 关闭的节点将自动展开
⑤	勾选：显示概览中所选定行的详细信息
⑥	过滤器
⑦	将所选更改应用到打开的项目中

1.3.4　工业机器人系统集成与典型应用工作站常用的通信总线

工业机器人系统集成与典型应用工作站常用通信总线一般来说主要有 CCLINK 总线、PROFINET 总线、PROFIBUS 总线、DeviceNet 总线、Ethernet/IP 总线、EtherCAT 总线等，表 1-3 所示为现场总线介绍。

表 1-3　现场总线

现场总线	说　明
CCLINK	CCLINK 现场总线是日本三菱电机公司主推的一种基于 PLC 系统的现场总线
PROFINET	基于以太网的现场总线。数据交换以主从关系进行，PROFINET 将安装到机器人控制系统中
PROFIBUS	使不同制造商生产的设备之间无须特别的接口适配即可，交流的通用现场总线数据交换以主从关系进行
DeviceNet	基于 CAN 并主要用于自动化技术的现场总线。数据交换以主从关系进行
Ethernet/IP	基于以太网的现场总线。数据交换以主从关系进行。以太网/IP 已安装到机器人控制系统中
EtherCAT	基于以太网并适用于实时要求的现场总线

1.3.5　ABB 工业机器人与工控机串口通信方式介绍

1. IRC5 的主计算机单元

IRC5 的主计算机单元（图 1-30）需要选配扩展卡 DSQC1003，扩展板有一个 RS-232 串口信道，串口 COM1，可用于与生产设备或者工控机通信，CONSOLE 接口仅可用于调试，RS-232 信道可以通过可选适配器 DSQC615 转换为 RS-422 全双工信道，实现更可靠的较长距离的点到点通信（查分）。IRC5 的主计算机单元的位置如图 1-31、图 1-32 所示。

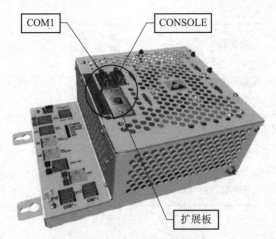

图 1-30 IRC5 的主计算机单元

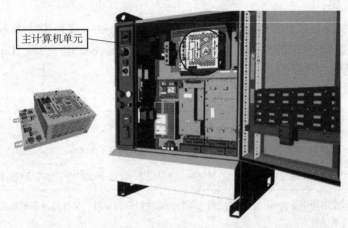

图 1-31 IRC5 的主计算机单元在 IRC5 控制柜上的位置

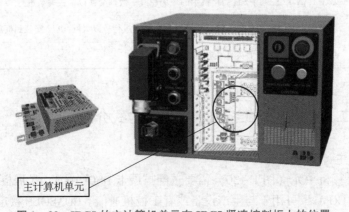

图 1-32 IRC5 的主计算机单元在 IRC5 紧凑控制柜上的位置

2. 串口连接线

IRC5 串口 COM1 是（9 针公头）插针形式插座，选择串口线时，IRC5 控制器一端一定是（9 针母头）插孔形式插头，另一端须根据连接对象选择合适接头，IRC5 串口 COM1 的定义符合 EIA – RS – 232C 标准，通常来说，与 PC 串口连接时，需要采用交叉接法的串口线；与外部设备连接时，需要采用直连接法的串口线，具体请参考相关外部设备说明，如图 1 – 33 所示。

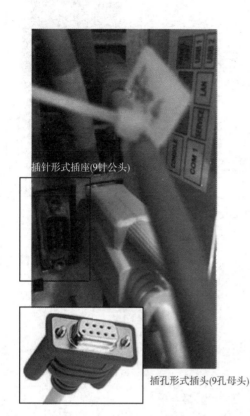

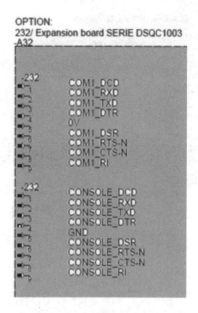

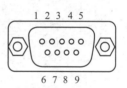

图 1 – 33　串口连接线

3. RS – 232 串口参数设置

可通过示教器或 RobotStudio 联机查看配置 Communication 的 Serial Port 类型的 COM1 配置，如图 1 – 34 所示，并可修改其他参数。

RS – 232 串口参数设置可参考图 1 – 35 所示列表，需要与点对点连接的另一个串口通信设备保持一致。

4. RAPID 串口操作指令集

1）打开/关闭串口通道命令

打开/关闭串口通信命令，如图 1 – 36 所示。

2）读取/写入基于字符的串口通道

读取/写入基于字符的串口通道，如图 1 – 37 所示。

3）读取/写入基于普通二进制模式的串口通道

读取/写入基于普通二进制模式的串口通道，如图 1 – 38 所示。

4）读取/写入基于原始数据字节的串行通道

读取/写入基于原始数据字节的串口通道，如图 1 – 39 所示。

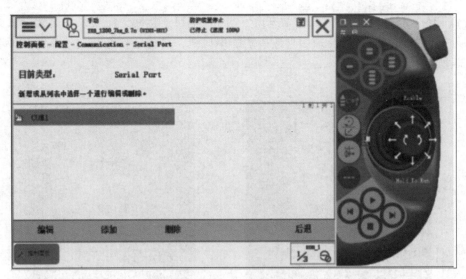

图 1 – 34　串口 COM1 的配置

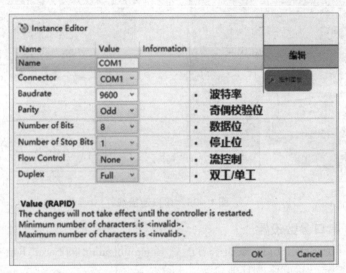

图 1 – 35　串口 COM1 的配置说明列表

指令/功能	用途
Open	打开串行通道，以便读取或写入
Close	关闭通道
ClearIOBuff	清除串行通道的输入缓存

图 1 – 36　打开/关闭串口通信命令

指令/功能	用途
Write	在通道中输入正文
ReadNum	读取数值
ReadStr	读取文本串

图 1 – 37　读取/写入基于字符的串口通道

指令/功能	用途
WriteBin	写入一个二进制串行通道
WriteStrBin	将字符串写入一个二进制串行通道
WriteAnyBin	写入任意一个二进制串行通道
ReadBin	读取二进制串行通道的信息
ReadStrBin	从一个二进制串行通道中读取一个字符串
ReadAnyBin	读取任一二进制串行通道的信息

图 1－38　读取/写入基于普通二进制模式的串口通道

指令/功能	用途
WriteRawBytes	将原始数据字节类型的数据写入二进制串行通道
ReadRawBin	从二进制串行通道上读取原始数据字节类型的数据

图 1－39　读取/写入基于原始数据字节的串口通道

5）使用 RTP1 传输层协议与串行通道上的传感器进行通信

使用 RTP1 传输层协议与串行通道上的传感器进行通信，如图 1－40 所示。

指令/功能	用途
SenDevice	与传感器设备相连
WriteVar	写入变量
WriteBlock	将数据块写入设备
ReadVar	从设备读取变量
ReadBlock	读取设备的数据块

图 1－40　使用 RTP1 传输层协议与串行通道上的传感器进行通信

5. 串口通信例程

1）用二进制串口通信

请求响应后，将机械臂的当前位置通过串行通道发送出去的例程，如图 1－41 所示。

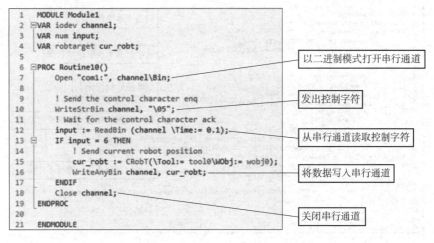

图 1－41　用二进制串行通信

27

2）用原始数据字节通信

通过原始数据字节发送数字获取字符串的例程，如图 1 – 42 所示。

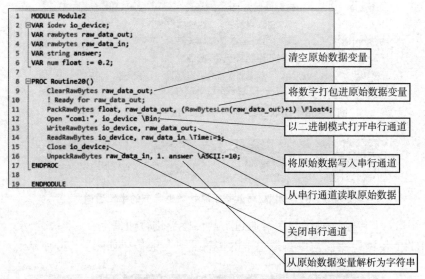

图 1 – 42　通过原始数据字节发送数字获取字符串的例程

3）案例分析串口接收建议

通过原始数据字节接收所有数据，通过文本文件保存所有数据解析，如图 1 – 43 所示。

4）常见串口故障与分析

（1）串口收发没有数据，请用万用表检查串口线缆是否断线。

（2）串口收发有数据，但格式和长度不正确，请检查两边设备的串口设置是否一致。

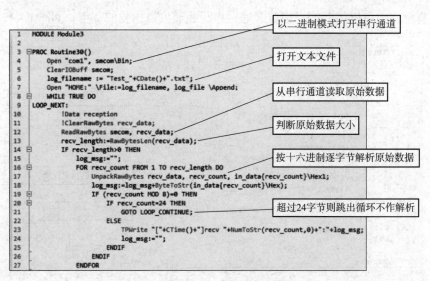

图 1 – 43　案例分析

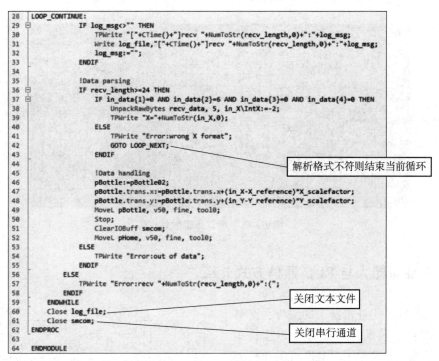

```
28  LOOP_CONTINUE:
29        IF log_msg<>"" THEN
30            TPWrite "["+CTime()+"]recv "+NumToStr(recv_length,0)+":"+log_msg;
31            Write log_file,"["+CTime()+"]recv "+NumToStr(recv_length,0)+":"+log_msg;
32            log_msg:="";
33        ENDIF
34
35        !Data parsing
36        IF recv_length>=24 THEN
37            IF in_data{1}=0 AND in_data{2}=6 AND in_data{3}=0 AND in_data{4}=0 THEN
38                UnpackRawBytes recv_data, 5, in_X\IntX:=-2;
39                TPWrite "X="+NumToStr(in_X,0);
40            ELSE
41                TPWrite "Error:wrong X format";
42                GOTO LOOP_NEXT;
43            ENDIF
44
45            !Data handling
46            pBottle:=pBottle02;
47            pBottle.trans.x:=pBottle.trans.x+(in_X-X_reference)*X_scalefactor;
48            pBottle.trans.y:=pBottle.trans.y+(in_Y-Y_reference)*Y_scalefactor;
49            MoveL pBottle, v50, fine, tool0;
50            Stop;
51            ClearIOBuff smcom;
52            MoveL pHome, v50, fine, tool0;
53        ELSE
54            TPWrite "Error:out of data";
55        ENDIF
56    ELSE
57        TPWrite "Error:recv "+NumToStr(recv_length,0)+":(";
58    ENDIF
59  ENDWHILE
60  Close log_file;
61  Close smcom;
62  ENDPROC
63
64  ENDMODULE
```

解析格式不符则结束当前循环

关闭文本文件

关闭串行通道

图 1-43　案例分析（续）

常用 PC 调试软件如下。

（1）串口调试助手，如图 1-44 所示。

图 1-44　串口调试助手

（2）串口跟踪软件，如 Bus Hound，如图 1-45 所示。

图 1-45　串口跟踪软件

1.3.6　工业机器人与 PLC 通信方式介绍

如果既掌握了工业机器人的编程，又掌握了 PLC 的控制技术，那么通过 PLC 控制机器人就显得非常简单了。只要将工业机器人和 PLC 有效地连接起来并进行相互之间的信号传输即可。工业机器人与 PLC 之间的通信传输有"I/O"连接和现场通信总线连接两种，如图 1-46 所示，下面以最常用的机器人与 PLC 之间使用"I/O"连接的方式介绍其控制方法。

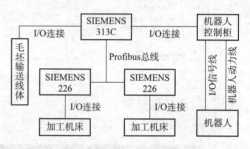

图 1-46　工业机器人与 PLC I/O 口通信方式

1.4　任 务 实 现

任务 1　在 ABB RobotStudio 中解包和打包一个工业机器人系统集成与典型应用工作站

1. 解包

以图 1-47 所示压缩包为例，介绍用 ABB RobotStudio 6.03 软件解包的操作过程。

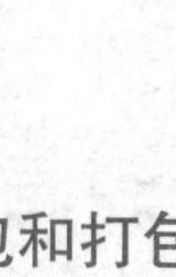

lichen.rspag

图 1-47　ABB RobotStudio 6.03 项目压缩包

第 1 步：在 ABB RobotStudio 软件的菜单中，选择"文件"→"共享"→"解包"选项，如图 1 - 48 所示。

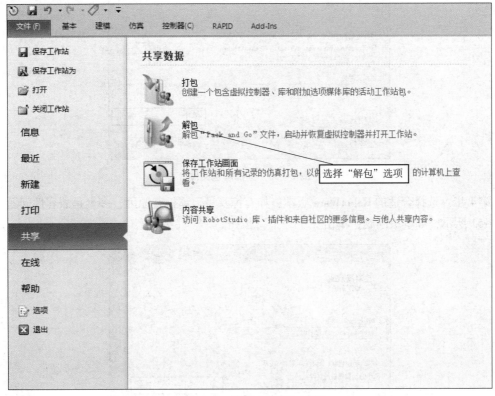

图 1 - 48   选择"解包"选项

第 2 步：弹出"解包"向导，单击"下一个"按钮，如图 1 - 49 所示。

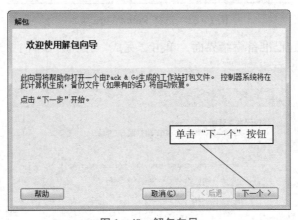

图 1 - 49   解包向导

第 3 步：弹出选择解包文件路径和文件选择，如图 1 - 50 所示，找到需要解包的项目文件，单击"下一个"按钮。

图 1 – 50　选择解包文件

第 4 步：选择合适的 RobotWare 版本，如有惊叹号，请检查原因，多半是兼容性问题，如图 1 – 51 所示，如解决问题，单击"下一个"按钮。

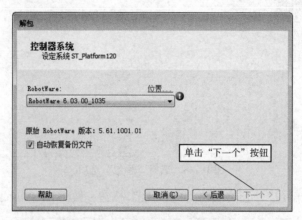

图 1 – 51　选择 RobotWare 版本

第 5 步：弹出解包已准备就绪界面，单击"完成"按钮，如图 1 – 52 所示，等待解包完成即可。

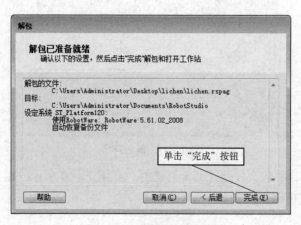

图 1 – 52　解包已准备就绪

解包完成，如图 1-53 所示。

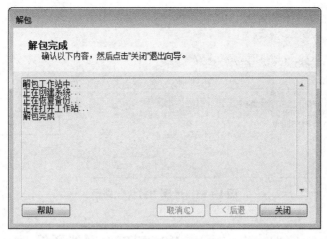

图 1-53 解包完成

2. 打包

完成后一个项目，如果要在另外的计算机上不出错地运行，最好采用项目打包的方式进行操作，从而方便项目传递。下面介绍如何对一个项目进行打包操作。

第 1 步：在 ABB RobotStudio 软件菜单中，选择 "文件" → "共享" → "打包" 选项，如图 1-54 所示。

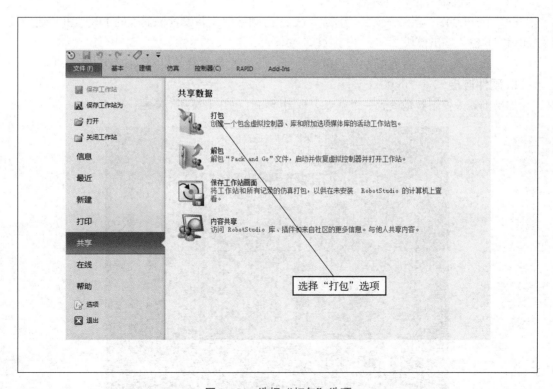

图 1-54 选择 "打包" 选项

第2步：选择"打包"路径，如图 1 - 55 所示，单击"确定"按钮，即可完成"打包"操作。

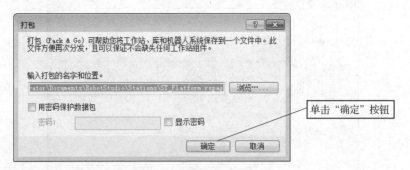

单击"确定"按钮

图 1 - 55　选择"打包"路径

任务 2　在 ABB RobotStudio 中配置 PROFIBUS 总线通信

本任务完成机器人与西门子 S7 - 300 PLC 之间，通过 PROFIBUS 总线通信输入 32 点、输出 32 点的通信。

主要操作流程如下。

（1）硬件连接。

（2）获取机器人的 GSD 组态文件。

（3）在 PLC 端，将组态文件增加到 PLC 组态网络中，并设置机器人的 PROFIBUS 地址及添加相应的输入输出模块。

（4）在机器人端，配置好 PROFIBUS 地址，与 PLC 端配置的机器人 PROFIBUS 地址一致。

1. 硬件连接

如果机器人控制器是最后一个站点，则需要将红色开关拨到 ON 端，如图 1 - 56 所示。

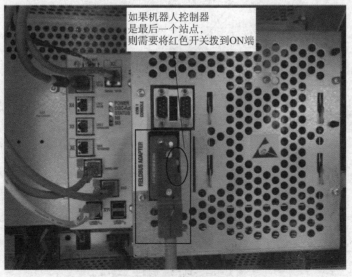

如果机器人控制器是最后一个站点，则需要将红色开关拨到ON端

图 1 - 56　PROFIBUS 适配器连接方式

2. 获取 GSD 文件

在示教器的 ABB 菜单中，选择 FlexPendant 资源管理器，单击"上一页"按钮，如图 1－57 所示。如图 1－58 所示进行操作，具体找到 GSD 文件，再将其粘贴到 U 盘的路径里，最后保存到计算机中。

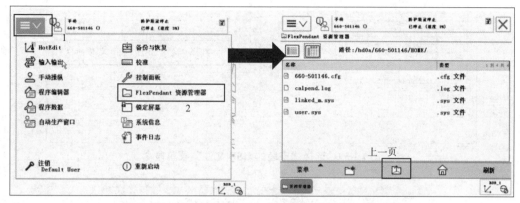

图 1－57　进入 FlexPendant 资源管理器寻找 GSD 文件

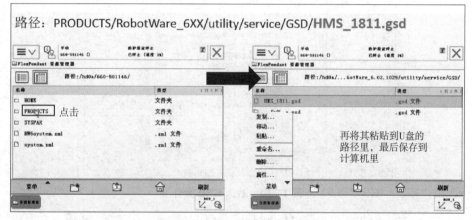

图 1－58　GSD 文件的具体位置

3. 将机器人 GSD 文件添加到 PLC 组态网络中

具体操作如下所述。

第 1 步：打开西门子的组态软件，在菜单中，选择 Options→Install GSD File 命令，安装 GSD 文件，如图 1－59 所示。

第 2 步：选择 Browse，找到 GSD 文件夹，单击"确定"按钮，如图 1－60 所示。

第 3 步：选择"HMS_1811. gsd"文件后，单击"安装"按钮，进行安装，如图 1－61 所示。

第 4 步：将右边安装好的 Anybus－CC PROFIBUS DP－V1 拖曳到 DP 主站系统上，如图 1－62 所示。

第 5 步：在弹出的窗口中设置机器人站点的 PROFIBUS 地址，这里设置为 4，然后单击"OK"按钮，如图 1－63 所示。

第 6 步：再次单击"确定"按钮，如图 1－64 所示。

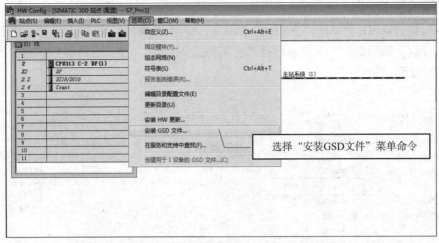

图 1 - 59　选择"安装的 GSD 文件"菜单命令

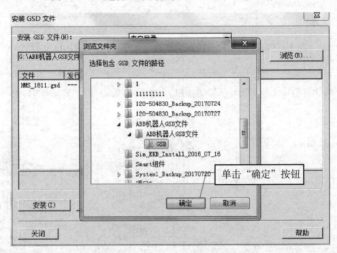

图 1 - 60　载入 GSD 文件

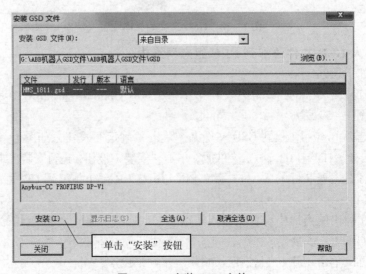

图 1 - 61　安装 GSD 文件

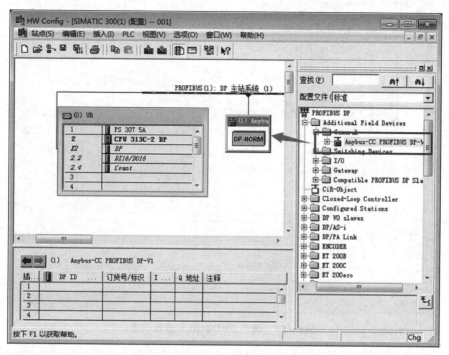

图 1 – 62 将 Anybus – CC PROFIBUS DP – V1 拖曳到 DP 主站系统

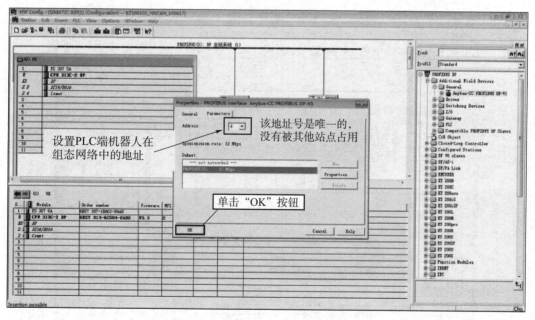

图 1 – 63 设置 PROFIBUS 通信地址

图 1 – 64　确定 PROFIBUS 通信设置

第 7 步：按照任务目标（输入 32 点、输出 32 点），将模块添加到机器人站点下，如图 1 – 65 所示。

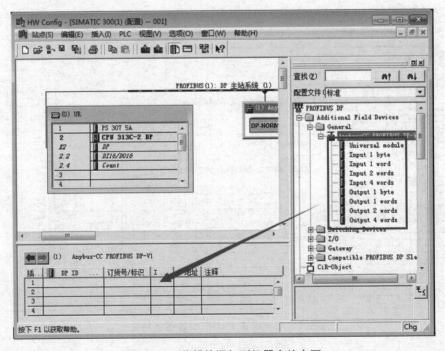

图 1 – 65　将模块添加到机器人站点下

第 8 步：1 word = 2 bytes，1 byte = 8 bits，输入输出要达到 32 点，则分别增加两个 byte 模块和 1 个 word 模块，如图 1 – 66 所示。

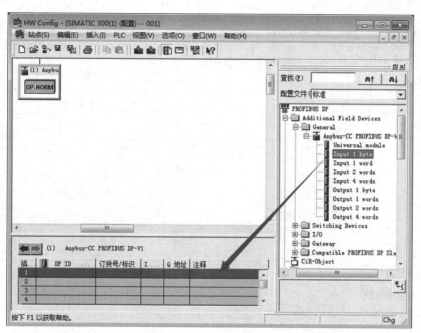

图 1 - 66　分别增加 2 个 byte 模块和 1 个 word 模块

第 9 步：输入启动地址 0（地址在 PLC 的组态网络必须是唯一的），单击"确定"按钮，如图 1 - 67 所示。

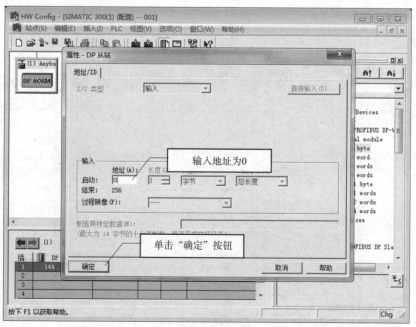

图 1 - 67　填写起始输入地址 0

第 10 步：如果输入一个组态中已使用的地址，单击"确定"按钮，则会有如图 1 - 68 所示的错误提示信息。

图 1-68　错误提示信息

第 11 步：同理，增加第 2 个输入，地址设置为 1，单击"确定"按钮，如图 1-69 所示。

图 1-69　增加第二个输入

第 12 步：依次输入完毕后，在站点下则可以看到输入、输出各 2 个 byte 和 1 个 word，如图1-70所示，单击"保存"按钮并编译，完成后单击下载到PLC中。

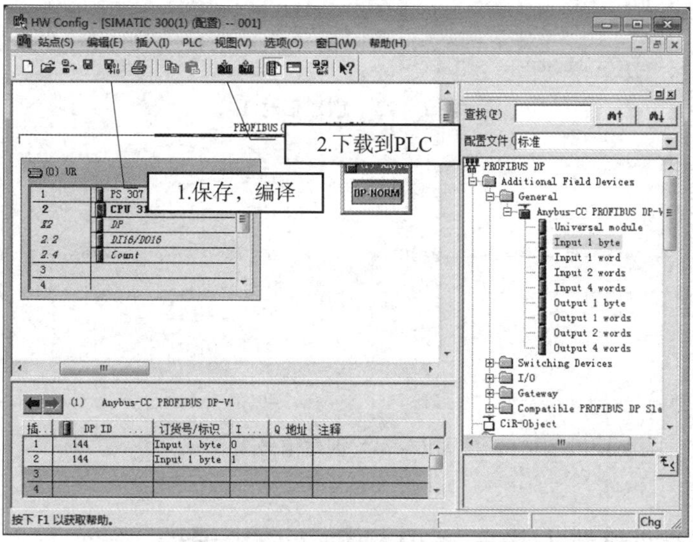

图1-70　全部增加完成并下载

4. 设置机器人端的PROFIBUS地址及输入输出字节

配置机器人端PROFIBUS地址，与PLC端添加机器人站点时设置的PROFIBUS地址一致，如图1-71所示。ABB示教器软件配置请具体参考系列教程《工业机器人操作与编程》。

参数名称	设置值	说明
Name	PROFIBUS_Anybus	总线名称(不可编辑)
Identification Label	PROFIBUS Anybus Network	识别标签
Address	4	总线地址
Simulated	No	模拟状态

图1-71　设置机器人端PROFIBUS地址

设置PROFIBUS通信输入输出字节（32 bits = 4 B），如图1-72所示。

参数名称	设置值	说明
Name	PB_Internal_Anybus	总线板卡名称
Network	PROFIBUS_Anybus	网络
VendorName	ABB Robotics	供应商名称
ProductName	PROFIBUS Internal Anybus Device	产品名称
Label		标签
Input Size（bytes）	4	输入大小（字节）
Output Size（bytes）	4	输出大小（字节）

根据本案例修改为4　　　　　　　　　　　　该参数允许的最大值为64

图1-72　设置PROFIBUS通信输入输出字节

5. 创建信号

在此任务中，机器人与PLC中机器人站点中的信号地址的对应关系，如图1-73、图1-74所示。

参数名称	设置值	说明
Name	di0	信号名称
Type of Signal	Digital Input	信号类型
Assigned to Device	PB_Internal_Anybus	分配的设备
Device mapping	0	信号地址

图 1-73 创建信号 1

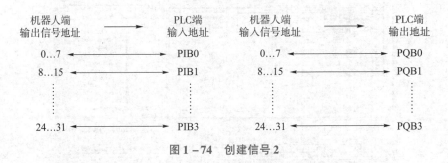

图 1-74 创建信号 2

任务 3 ABB 工业机器人与三菱 PLC CCLINK 通信

ABB 机器人以 CCLINK 网络与三菱 Q 系列通信的设定为例进行任务讲解,本任务要实现机器人与 PLC 之间,输入 32 点、输出 32 点通信,机器人 CCLINK 设置为站点 1,波特率为 2.5 MBps,实现简单的点到点的通信,设定 PLC 为 0 号站,模式设定为 2。

1. PLC 模块的设定

PLC 设定为 0 号站,模式设定为 2,如图 1-75 所示。

图 1-75 PLC 模块设置 1

PLC 网络参数的设置界面，如图 1 – 76 所示。

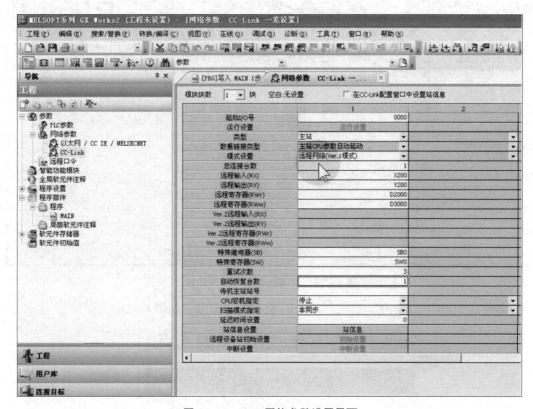

图 1 – 76　PLC 网络参数设置界面

设定总连接台数为 1，如图 1 – 77 所示。

起始I/O号	0000
运行设置	运行设置
类型	主站
数据链接类型	主站CPU参数自动起动
模式设置	远程网络(Ver.1模式)
总连接台数	1
远程输入(RX)	X200
远程输出(RY)	Y200
远程寄存器(RWr)	D2000
远程寄存器(RWw)	D3000
Ver.2远程输入(RX)	
Ver.2远程输出(RY)	
Ver.2远程寄存器(RWr)	
Ver.2远程寄存器(RWw)	
特殊继电器(SB)	SB0
特殊寄存器(SW)	SW0
重试次数	3
自动恢复台数	1
待机主站站号	

图 1 – 77　设置总连接台数为 1

设定站类型和占用站数，如图 1 - 78 所示。

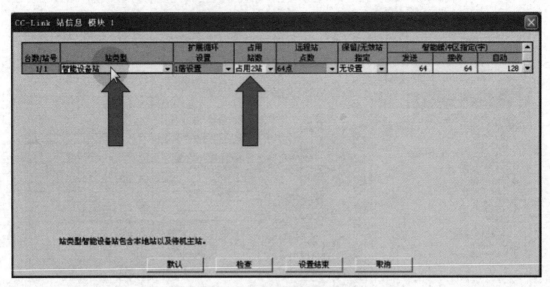

图 1 - 78　设定站类型和占用站数

"OccStat" 和 "BasicIO" 共同决定的 IO 数据地址范围，如图 1 - 79 所示。

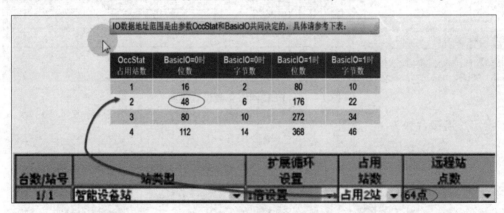

图 1 - 79　IO 数据地址范围

站数要一样，通信的点数以小的为准，本任务中可通信的点数是输入 48 点、输出 48 点。

2. ABB 机器人配置

IRC5 控制柜必须选配 DSQC378 CCLINK 通信板卡，才能进行 CCLINK 通信，CCLINK 板卡采用 DeviceNet 通信总线，一般可以把地址设置为 10，具体要设置短接片的情况，在 DA 与 DB 之间接入一个 110 Ω 的终端电阻，如图 1 - 80 所示，ABB 示教器软件配置请具体参考系列教程《工业机器人操作与编程》。

任务 4　KUKA 机器人与 PLC 进行 DeviceNet 总线通信

本任务以 KUKA 焊接工业机器人与台达 PLC 进行 DeviceNet 总线通信为例进行介绍，KUKA 焊接工业机器人 DeviceNet 模块为主站模块，基本操作步骤如下。

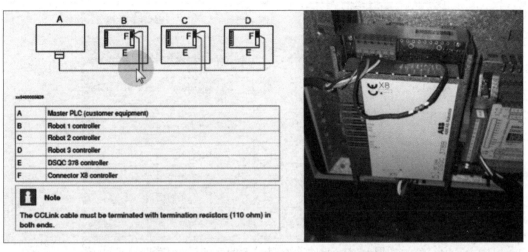

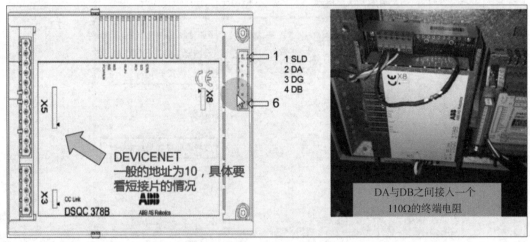

图1-80 ABB CCLINK 硬件配置

（1）由于机器人端的 DeviceNet 模块为主站，故 PLC 侧只能为从站。首先需要用台达 ViceNETBuilder 软件将 PLC 侧 DeviceNet 扫描模块软件设置为从站，节点与拨码一致，如 5。

（2）查看 KUKA 机器人的 IP 地址，将笔记本电脑的 IP 地址设置为与机器人在同一个网段，打开 WorkVisual 软件，查找机器人当前项目，并激活。

（3）查看当前硬件组态是否与实际硬件一致，一致则可以进行 IO 映射。

（4）接下来进行机器人侧与 PLC 侧的 IO 映射设置。

具体步骤如下。

第1步：设置主站侧输入输出字节各 8 个字节，如图 1-81 所示。

注意：台达 DeviceNet 模块作为从站时默认输入输出为 8 个字节，并非是 DeviceNet 模块所挂的 PLC 的实际输入输出点，此处一定要注意；否则组态一定出错。

第2步：设置机器人侧主站站号为 1，如图 1-82 所示。

设置从站站号为 5，如图 1-83 所示。

第3步：依次单击画面红色方框部分，最后点击箭头所指的小圆圈"连接"，如图 1-84 所示。

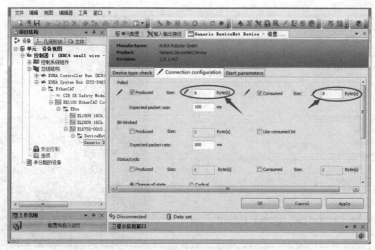

图 1-81　设置主站侧输入输出字节各 8 个字节

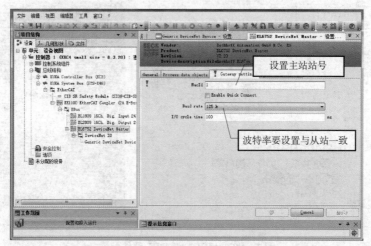

图 1-82　设置机器人侧主站站号为 1

图 1-83　设置从站站号为 5

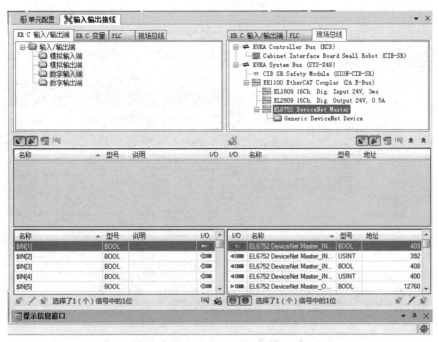

图 1-84　在 WorkVisual 中设置

第 4 步：输入映射完成，如图 1-85 所示。

图 1-85　输入映射完成

第 5 步：完成输出映射，与第 4 步相同，单击 KRC 输入输出端下面的数字输出端，与第 4 步相同，则完成映射。

另外，组态 PROFIBUS 与组态 DeviceNet，两者映射的操作是一样的，不同的是组态 PROFIBUS 的输入输出点数有所区别，如图 1-86 所示。

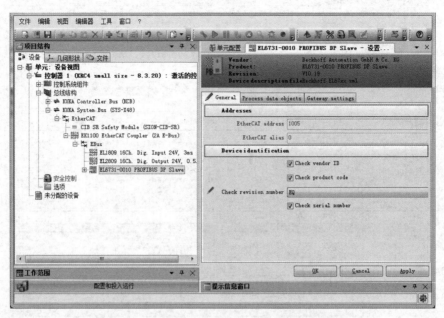

图 1-86　组态 PROFIBUS 与组态 DeviceNet

只需要把机器人与 PLC 进行映射的点数插入红色方框内的槽中即可，接下来的映射组态与 DeviceNet 一致。

1.5　考　核　评　价

考核任务 1　通过 ABB RobotStudio 软件建立简单工程项目并下载执行

要求：能够熟练使用 ABB RobotStudio 软件进行 ABB 工业机器人集成项目的应用开发，能使用 ABB RobotStudio 软件进行各种现场总线的配置，能用专业语言正确流利地展示配置的基本步骤，思路清晰、有条理，能圆满回答教师与同学提出的问题，并能提出一些新的建议。

考核任务 2　通过 KUKA WorkVisual 软件建立简单工程项目并下载执行

要求：能够熟练使用 KUKA WorkVisual 软件进行 KUKA 工业机器人集成项目的应用开发，能使用 KUKA WorkVisual 软件进行各种现场总线的配置，能用专业语言正确流利地展示配置的基本步骤，思路清晰、有条理，能圆满回答教师与同学提出的问题，并能提出一些新的建议。

考核任务 3　ABB 工业机器人与 PLC 现场总线通信

要求：能够熟练地掌握 ABB 工业机器人各种板卡的电气接线和参数配置，熟练掌握 PLC 端的现场总线配置和硬件连接，掌握 ABB 工业机器人和 PLC 的各种总线通信，能用专业语言正确流利地展示配置的基本步骤，思路清晰、有条理，能圆满回答教师与同学提出的问题，并能提出一些新的建议。

考核任务 4　KUKA 机器人与 PLC 现场总线通信

要求：能够熟练掌握 KUKA 工业机器人各种板卡的电气接线和参数配置，熟练掌握 PLC 端的现场总线配置和硬件连接，掌握 KUKA 工业机器人和 PLC 的各种总线通信，能用专业语言正确流利地展示配置的基本步骤，思路清晰、有条理，能圆满回答教师与同学提出的问题，并能提出一些新的建议。

项目 2

工业机器人系统集成与典型应用——弧焊

2.1 项 目 描 述

项目2 工业机器人
系统集成—弧焊

本项目的主要学习内容包括：KUKA 弧焊机器人工作站主要单元的组成、焊接系统的参数与硬件接口、焊接工艺包软件 ArcTech Basic 及其配置；KUKA 机器人焊接指令；焊接时的摆动方法；ArcTech Basic 软件状态键；弧焊机器人的特点、焊接中的常见故障、编程技巧；应用中存在的问题和解决措施。

2.2 教 学 目 的

通过本章的学习能够了解工业机器人弧焊，了解弧焊机器人工作站单元的组成，学会连接焊接系统的方法，设置 ArcTech Basic 软件，学会使用 KUKA 机器人的焊接指令，创建焊枪工具数据，掌握通过机器人编写弧焊程序的技巧，掌握处理弧焊过程中出现问题的方法。

2.3 知 识 准 备

2.3.1 KUKA 弧焊机器人工作站主要单元的组成

KUKA 弧焊机器人工作站主要组成单元包括焊接机器人、焊枪、焊接工件、焊机和送丝系统、防碰撞传感器、清枪剪丝机等。机器人采用 KUKA 公司 KR10 R1420 机器人，焊机一般采用麦格米特 Ehave CM350，焊枪和防碰撞传感器由焊机适配或德国 TBI 品牌。弧焊广泛应用于汽车行业。弧焊机器人工作站如图 2-1 所示。三维图如图 2-2 及图 2-3 所示。

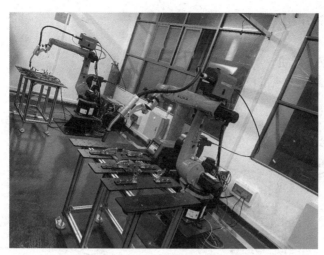

图 2－1　弧焊机器人工作站

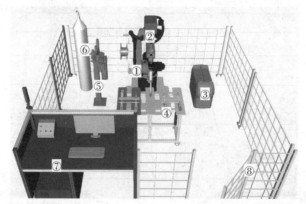

图 2－2　弧焊机器人工作站

①工业机器人；②送丝机；③焊机；④焊接工作台；⑤清枪剪丝机；⑥气瓶；⑦操作台；⑧安全围栏

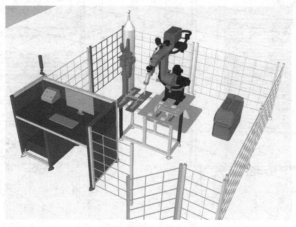

图 2－3　弧焊机器人工作站

2.3.2 焊接系统介绍

1. 麦格米特350焊机

（1）焊接系统组成（见图2-4）。

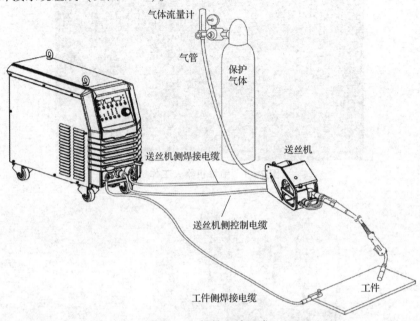

图 2-4 焊接系统组成

焊机结构如图2-5所示。其具体功能如表2-1所示。

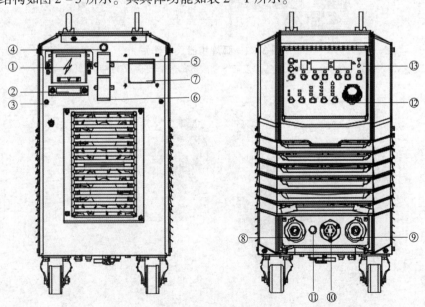

图 2-5 焊机结构

①输入接线排；②电缆线固定夹；③M6 接地螺柱；④电加热减压器保险座；⑤电加热减压器插座；⑥通信连接器；⑦电源开关；⑧负输出端子；⑨正输出端子；⑩七芯航空插座；⑪送丝机电源保险座；⑫参数调节旋钮；⑬控制面板

表2-1 焊机结构及其功能

序号	名称	功能
1	输入接线排	交流输入电源连接器
2	电缆线固定夹	固定交流输入线缆
3	M6 接地螺柱	安全接地
4	电加热减压器保险座	保险管容量为 8 A
5	电加热减压器插座	提供电加热减压器 36 VAC 电源
6	通信连接器	用于与计算机的通信
7	电源开关	交流输入电源的接通与断开
8	负输出端子	连接母材电缆
9	正输出端子	连接送丝装置功率电缆
10	七芯航空插座	连接送丝装置控制电缆
11	送丝机电源保险座	保险管容量为 8 A
12	参数调节旋钮	调节焊接参数，详见操作说明
13	控制面板	调节焊接模式，详见操作说明

（2）焊机参数（见表2-2）。

表2-2 焊机参数

项目		项目描述	
		Ehave CM250/350	Ehave CM500/500 H
输入	额定电压/频率	三相无中线，380 V 50 Hz	三相无中线，380 V 50 Hz
	允许电压工作范围	电压：285 V ~ 475 V；电压失衡率：< ±5%；频率：30 ~ 80 Hz	电压：285 V ~ 475 V；电压失衡率：< ±5%；频率：30 ~ 80 Hz
	静态耐压	线电压 520 V AC 不损坏	线电压 520 V AC 不损坏
	输入功率因数（额定状态）	0.94	0.93
输出	额定空载电压	63.7 V	73.3 V（Ehave CM500）/75V（Ehave CM500H）
	气保焊额定输出电流/电压	30 A/15.5 V ~（250）350A/（26.5）31.5 V	30 A/15.5 V ~ 500 A/39 V
	手工焊额定输出电流和电压	30 A/21.2V ~（250）350 A/（30）34 V	30 A/21.2 V ~ 500 A/40 V

项目		项目描述	
		Ehave CM250/350	Ehave CM500/500 H
输出	额定负载持续率	环境温度40 ℃时 350（250）A@60%/271（193）A@100% 环境温度25 ℃时 350（250）A@100%	Ehave CM500： 环境温度 40 ℃时 500 A @ 60%/390A@100% 环境温度 25 ℃时 500 A @ 100% Ehave CM500H： 环境温度 40 ℃时 500 A@100%
	额定输出电压变化率	< ±5%（冷热态以及输入电压 ±10% 波动）	< ±5%（冷热态以及输入电压 ±10% 波动）
	源效应	5%	5%
	输出特性	CV（恒压特性）/CC（恒流特性）	CV（恒压特性）/CC（恒流特性）
	输出电压范围	可调范围：12 ~（34）38 V	可调范围：12 ~ 45 V
	输出电流范围	可调范围：CO_2/MAG：30 ~（300）400A MMA：30 ~（300）400 A 瞬时短路峰值电流：>550 A	可调范围：CO_2/MAG：30 ~ 500 A MMA：30 ~ 500 A 瞬时短路峰值电流：>550 A
	收弧电压调节范围	可调范围 12 ~（34）38 V，每步进 0.1 V	可调范围 12 ~ 45 V，每步进 0.1 V
	收弧电流调节范围	可调范围 30 ~（300）400 A，每步进 1 A	可调范围 30 ~ 500 A，每步进 1 A
	输出 + −线缆总长度	额定输入，15 m/35 mm^2，（250）350 A 60%/（193）271A 100%能正常工作	Ehave CM500：额定输入，30 m/50 mm^2，500 A 60%/390 A 100%能正常工作 Ehave CM500H：额定输入，30 m/50 mm^2，500 A 100%
主要控制性能	LED 显示	设定和焊接电压、电流数值显示，故障代码显示	设定和焊接电压、电流数值显示，故障代码显示
	气体类型设定	CO_2、MAG	CO_2、MAG
	焊丝类型设定	实芯、药芯、电焊条	实芯、药芯、电焊条
	输出控制	一元化、分别	一元化、分别
	焊丝直径设定	0.8、1.0、1.2	1.0、1.2、1.6
	焊接控制	有收弧、无收弧、点焊、反复收弧	有收弧、无收弧、点焊、反复收弧
	气体检测	焊接前检测有无保护气体	焊接前检测有无保护气体

续表

项目		项目描述	
		Ehave CM250/350	Ehave CM500/500 H
主要控制性能	点动送丝	焊接前点动进行送丝	焊接前点动进行送丝
	电流电压设定	一元化模式下：电流设置 30 A～（300）400 A，电压旋钮起微调电压作用，微调范围 ±9 V。分别模式下：电流电压分别设置，电流 30 A～（300）400 A，电压 12 V～（34）38 V	一元化模式下：电流设置 30 A～500 A，电压旋钮起微调电压作用，微调范围 ±9 V。分别模式下：电流电压分别设置，电流 30 A～500 A，电压 12 V～45 V
	电弧特性	可以通过面板调节旋钮，完成 -9～+9 设置，-9 电弧特性最软，+9 最硬	可以通过面板调节旋钮，完成 -9～+9 设置，-9 电弧特性最软，+9 最硬
	点焊时间	在焊接控制在点焊模式下，通过面板调节，0.1～10.0 s	在焊接控制在点焊模式下，通过面板调节，0.1～10.0 s
	收弧电压	可以通过面板调节旋钮设定收弧电压 12 V～（34）38 V	可以通过面板调节旋钮设定收弧电压 12 V～45 V
	收弧电流	可以通过面板调节旋钮设定收弧电流 30 A～（300）400 A	可以通过面板调节旋钮设定收弧电流 30 A～500 A
	手工焊接电流设定	可以通过面板旋钮设定手工焊接电流 30 A～（300）400 A	可以通过面板旋钮设定手工焊接电流 30 A～500 A
	确定、调用、存储	对焊接参数进行记忆、存储、调用及参数锁定操作	对焊接参数进行记忆、存储、调用及参数锁定操作
	保护功能	缺相保护、相不平衡保护、输入过压保护、输入欠压保护、输出过压保护、过热保护、过流保护、过载保护等	缺相保护、相不平衡保护、输入过压保护、输入欠压保护、输出过压保护、过热保护、过流保护、过载保护等
环境	使用场所	周围空气中的灰尘、酸、腐蚀性气体或物质等不超过正常含量（由于焊接过程而产生的这些物质除外）	周围空气中的灰尘、酸、腐蚀性气体或物质等不超过正常含量（由于焊接过程而产生的这些物质除外）
	海拔高度	≤2 000 m	≤2 000 m

续表

项目		项目描述	
		Ehave CM250/350	**Ehave CM500/500 H**
环境	使用场所	周围空气中的灰尘、酸、腐蚀性气体或物质等不超过正常含量（由于焊接过程而产生的这些物质除外）	周围空气中的灰尘、酸、腐蚀性气体或物质等不超过正常含量（由于焊接过程而产生的这些物质除外）
	海拔高度	≤2 000 m	≤2 000 m
	环境温度	−10 ℃~ +40 ℃（环境温度在40 ℃~50 ℃，请降额使用）	−10 ℃~ +40 ℃（环境温度在40 ℃~50 ℃，请降额使用）
	湿度	小于95% RH，无水珠凝结	小于95% RH，无水珠凝结
	振动	小于200 Hz，小于1.0 m²/s³	小于200 Hz，小于1.0 m²/s³
	存储温度	−40 ℃~ +70 ℃	−40 ℃~ +70 ℃
	防护等级	IP23S	IP23S
	冷却方式	强制风冷，带风扇控制	强制风冷，带风扇控制
效率		额定87%	额定87%
绝缘等级		H	H

2. 焊机电气连接

（1）连接焊机输出侧电缆。

如图2-6所示，正、负输出端子与送丝机侧焊接电缆、工件侧焊接电缆的连接步骤说明如下。

①打开输出端子防护盖。

②从焊机底部取出内六角扳手。

③拧出输出端子M10螺钉。

④将组合电缆中的功率线和工件侧焊接电缆上的M10线耳分别固定在正负输出端子上。

⑤用内六角扳手将M10螺钉拧紧，使用完毕后，将内六角扳手放回原处，以免遗失。

送丝装置七芯插座与送丝装置七芯控制线的连接如下说明。

①将组合电缆中的七芯航空插头与焊机上的七芯插座连接。

②按顺时针方向旋紧七芯航空插头上的螺纹盖。

③电缆连接完毕后如图2-7所示。

（2）连接气瓶端。

气瓶端的连接步骤说明如下。

①用安装螺母将电加热式二氧化碳减压器安装到气瓶上的气瓶出气口，如图2-8所示，并紧固。

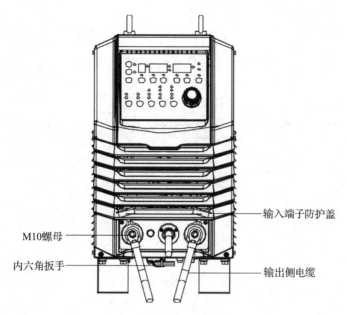

图 2 - 6　焊机正面连接

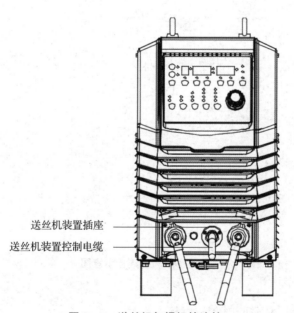

图 2 - 7　送丝机与焊机的连接

②把气管一端接到气体调节气管接口，并用紧固装置牢靠固定，另一端连接到送丝机上。

③使用纯 CO_2 为保护气体时，请将加热电缆连接到焊机后面 36 V 的电加热减压器电源插座上，如果使用的是 AC220 V 电加热减压表，则将加热电缆连接到 AC220 V 电源上。如果使用的是 80% Ar + 20% CO_2 作为保护气，则可以不需要加热。

④连接完毕后如图 2 - 9 所示。

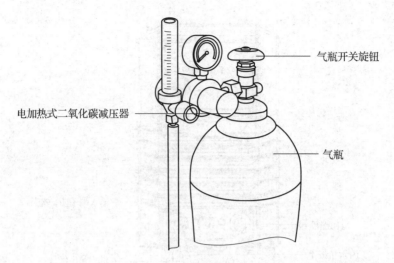

图 2 – 8　减压表安装

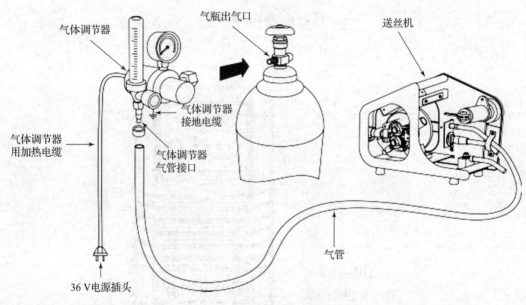

图 2 – 9　气管连接示意图

气体使用须知：

焊机设定 CO_2 焊接时请使用 CO_2 气体。

焊机设定 MAG 焊接时，请使用 MAG 焊接用的混合气体（CO_2 体积含量 5%～20%，其余为氩气，氩气纯度应为 99.9% 以上）。

两种气体混合使用时，请使用气体混合器，并确保气体混合均匀。

（3）连接送丝装置端。

送丝装置端的连接步骤说明如下。

①用送丝机尾部卡扣将七芯控制电缆、气管和正极输出焊接电缆固定，如图 2 – 10 所示。

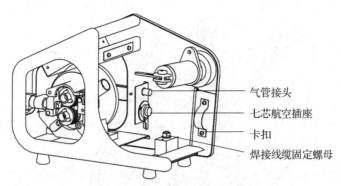

图 2 - 10 送丝机接线示意图 1

②将控制电缆的七芯航空插头与送丝机固定板上的七芯航空插座连接并固定好。

③将气管与送丝机固定板上的铜接头连接，并用工具旋紧气管喉箍。

④将正极输出焊接电缆固定在送丝机底板螺柱上，并用活动扳手将螺母紧固。

⑤电缆连接完成如图 2 - 11 所示。

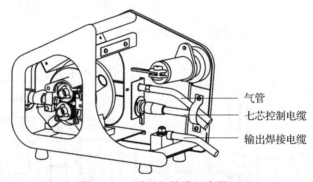

图 2 - 11 送丝机接线示意图 2

（4）连接焊枪。

送丝机接线完成后，将焊枪连接到送丝机上，并紧固好。焊枪与送丝机连接完成如图 2 - 12 所示。

（5）连接工件侧焊接电缆（地线）。将工件侧焊接电缆另一端可靠连接到工件上，并用适当的接地电缆将工件接地。

（6）连接电源输入侧电缆。

①断开配电箱（用户设备）的开关。

②取下输入端子罩。

③将输入电缆的一侧连接到电源输入端子，并用输入电缆夹线板固定在焊机后板上；将输入电缆中的安全接地线接到焊机外壳 M6 接地螺柱上。

④还原输入端子罩。

⑤将输入电缆的另一侧连接到配电箱开关的输出端子上，则电缆连接完毕，如图 2 - 13 所示。

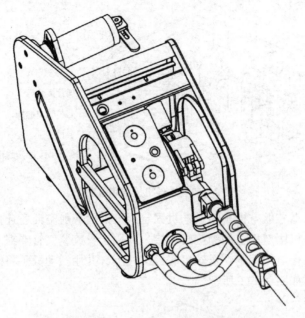

图 2 - 12　焊枪连接示意图

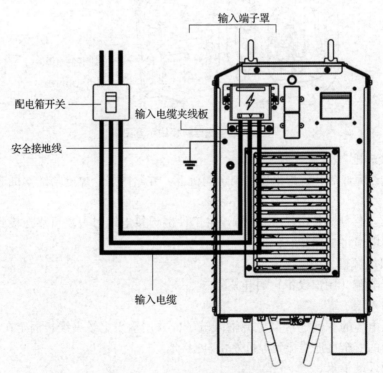

图 2 - 13　电源输入侧连接示意图

2.3.3 焊接工艺包软件 ArcTech Basic

ArcTech Basic 是一个用于保护气体焊并可以后续加载的应用程序包，具有下列功能。

（1）配置焊接电源。

（2）可以为每个电源配置多达4种焊接模式（运行方式）。

（3）为每种焊接模式定义与电源通信的参数（通道）。

（4）定义电源参数的支点。

（5）将参数分配给流程（引燃、焊接、填满终端弧坑）。

（6）根据默认数据组针对某些焊接任务定义焊接数据组。

（7）针对与电源和其他设备（如 PLC）的通信对输入端/输出端进行配置。

（8）对简单焊接任务进行编程。

（9）通过联机表单选择定义的焊接数据组。

（10）配置引燃和焊接故障的故障策略。

（11）用于焊接大缝隙的机械摆动。

（12）在程序运行期间显示参数的值。

（13）在碰撞后检查和校正 TCP。

（14）在线和离线优化程序。

（15）在联机运行中显示附加参数。

（16）将运动指令转换为焊接指令。

（17）将程序传输到其他运动系统。

2.3.4 配置 ArcTech Basic 软件

1. 打开 ArcTech 编辑器

前提条件如下。

（1）项目已打开。

（2）电源已被添加到项目中。

操作步骤如下。

（1）选择项目中的电源（选项卡设备）。

（2）选择菜单序列编辑器，备选软件包，打开 ArcTech 编辑器，如图 2-14 所示。
图 2-14 中的单选按钮说明见表 2-2。

可选的操作步骤如下。

在菜单栏上单击按钮 或在项目（选项卡设备）中双击电源。

2. 参数选项卡

通过参数选项卡可定义电源的全局参数，如图 2-15 所示，参数说明见表 2-3。

注意：如果已创建了数据组，但全局参数还会再次更改，则会造成不一致。这会在数据组中以红色标记，可以通过单击"应用"更改排除。

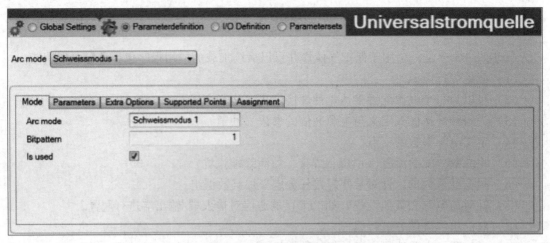

图 2 – 14　ArcTech 编辑器

表 2 – 2　单选按钮说明

单选按钮	说　　明
全局设置	可对流程选项进行更改或配置引燃和焊接故障策略
参数定义	可定义电源的全局参数
I/O 定义	可以配置电源的输入/输出信号
数据组	以电源参数定义为基础，可定义与任务相关的数据组

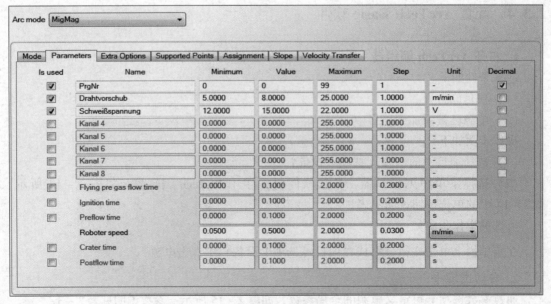

图 2 – 15　定义参数

表2-3　参数说明

参数	说　　明
可对多达8个参数（通道）进行配置。 默认情况下所有通道均被禁用。为了能够编辑通道，必须勾选所属的复选框进行激活	
通道1～通道8	已激活的通道名称可更改。名称可以自由选择。在编辑器中每个显示通道名称的位置上，名称会被改写。提示：如要定义多个焊接模式，并且这些焊接模式使用相同参数，就必须注意在相同位置（通道）创建这些参数
	所有参数值均可更改。需要时可以整数来给出这些数值。为此，勾选复选框"整数"。 在小值、标准值和大值列中也可以指定负值。例如，如果电源期待二进制补码形式的负值，这就是必要的
下列参数已预定义。参数机器人速度始终可用，其他参数默认是禁用的。为了能够编辑禁用的参数，必须勾选所属的复选框进行激活	
焊接前的提前送气时间	
引燃后的等待时间	参数的数值范围和步幅均可更改。参数的单位已预设定，不能更改
提前送气时间	
机器人速度	机器人控制系统上焊接速度的所有参数值包括单位在内均可更改。单位：m/s、m/min、inch/min、cm/min，默认单位为m/min 提示：此处设置的单位在全局范围内适用于为机器人控制系统定义的所有数据组。在将项目传送到机器人控制系统中时，该单位被应用到。 ArcTech指令中，也可以在焊接数据组编辑器中更改单位
终端焊口时间	
滞后断气时间	参数的数值范围和步幅均可更改。参数的单位已预设定，不能更改

3. 特殊功能（参数定义）选项卡

通过特殊功能（参数定义）选项卡可以为电源的每个焊接模式定义特殊功能。借助特殊功能可以使用电源的特有功能。如果焊接模式激活，则为焊接模式定义的特殊功能可在程序处理的主进程中设置。

特殊功能的地址分配可在输入/输出端配置中确定（单选按钮I/O定义），如图2-16所示。对图2-16中的参数进行说明，见表2-4。对图2-16中的按钮进行说明，见表2-5。

注意：如果焊接模式在程序运行期间发生改变，则可能出现在一个总线节拍中电源上存在不一致的特殊功能过程图像。这可能出现一些问题，例如，电源将过程图像视为无效并显示故障。可能产生的影响，必须由运营者根据具体情况确定。

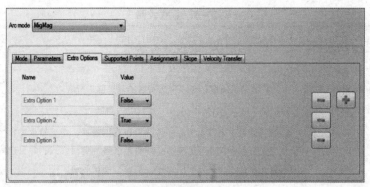

图 2-16 定义特殊功能

表 2-4 参数说明

参数	说明
可对多达 8 个特殊功能进行配置。 默认情况下所有特殊功能均被禁用。为了能够使用特殊功能，必须将相应的值设置为 True	
特殊功能 1 ~ 特殊功能 8	特殊功能的名称可以更改。名称可以自由选择。在编辑器中每个显示特殊功能名称的位置上，名称会被改写

表 2-5 按钮说明

按钮	名称/说明
＋	添加特殊功能 将一个新的特殊功能添加到编辑器中
－	从编辑器中删除特殊功能

4. 支点选项卡

支点选项卡中的支点必须在选项卡参数中，额外激活的每个通道给出在机器人控制系统中编程设定的参数值与电源额定值之间的关系。电源的额定值见焊接控制系统所用的特性曲线。可能出现线性或非线性的特性曲线。线性特性曲线通过两个支点加以定义，而非线性特性曲线则通过 5 个支点加以定义，如图 2-17 所示。定义支点说明见表 2-6。

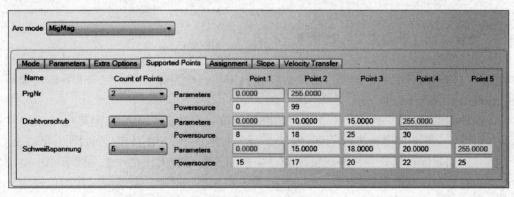

图 2-17 定义支点

表2-6　定义支点说明

参数	说明
支点数量	选择支点数量。 2：针对线性特征曲线 3~5：针对非线性特征曲线，默认为2
参数	给出支点的参数值。这些值等于在内联表单中编程设定的参数值。第一个和后一个支点的参数值被选项卡参数中定义的小和大值预先占用，并且不能更改
电源	给出支点的电源额定值。这些值等于发送至电源的值。如果电源期待二进制补码形式的负值，则给出支点的负值

5. 分配选项卡

通过分配选项卡可为用户自定义的电源参数分配一个或多个工艺流程（勾选复选框），如图2-18所示。图2-18中的参数说明见表2-7。

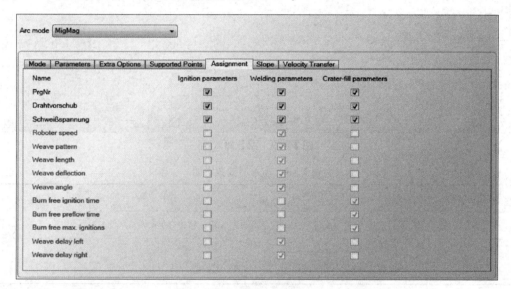

图2-18　分配参数

表2-7　参数说明

参数	工艺流程	指令
引燃参数	引燃	用ARC开调用
焊接参数	焊接	用ARC开和ARC SWITCH调用
终端焊口参数	填满终端弧坑	用ARC关调用

6. 输入端选项卡

输入端选项卡提供在焊接工艺过程中可被监控的、预定义的输入端列表可供使用，如图2-19所示。输入端参数说明见表2-8。

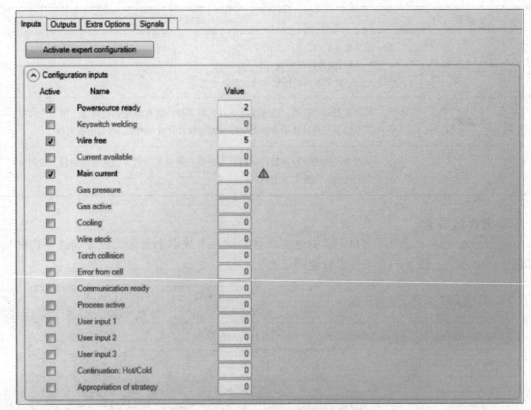

图 2 – 19 配置输入端

表 2 – 8 输入端参数说明

参数	说 明
名称	当专家配置被激活时，可对输入端名称进行更改
值	输入端编号 提示：警示符号 ⚠ 表明输入了无效值

7. 输出端选项卡

输出端选项卡提供预定义的输出端列表，在焊接工艺过程中可对这些输出端进行设置，如图 2 – 20 所示。输出端参数说明见表 2 – 9。

8. 特殊功能（I/O 定义）选项卡

特殊功能（I/O 定义）选项卡为每个已配置的焊接模式列出用户自定义特殊功能。该特殊功能必须在栏位数值中分配给一个尚未被占用的输出端。输出端不得重叠，如图 2 – 21 所示。

9. 信号选项卡

信号选项卡为每个已配置的焊接模式列出用户自定义参数（通道）。在栏位"从 – 至"中必须为这些参数（通道）分配一个尚未被占用的输出端范围。输出端范围不得重叠。

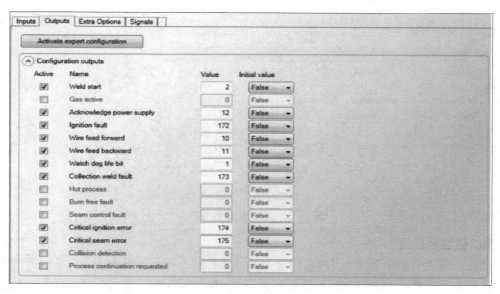

图 2 - 20　配置输出端

表 2 - 9　输出端参数说明

参数	说　　明
名称	当专家配置激活时，可对输出端名称进行更改
值	输出端编号
初始值	输出端初始化的值： False 和 True，默认为 False 在下列情况下对输出端进行初始化： （1）执行指令 ARC 开 （2）选择和取消焊接程序 （3）启动提交解释器

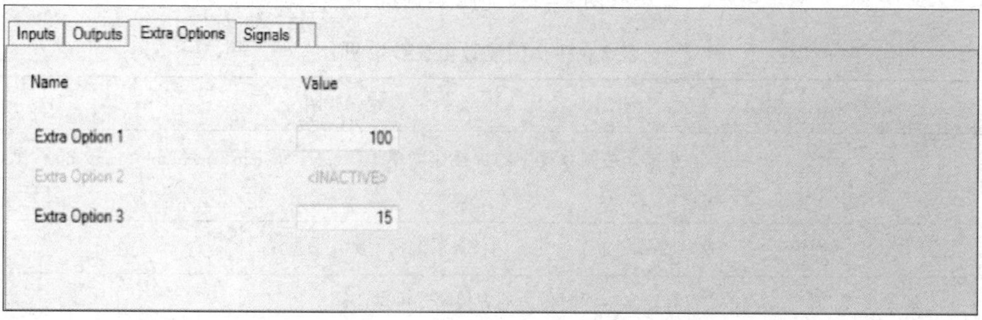

图 2 - 21　设定特殊功能地址

注意：如已经定义多个焊接模式，并且这些焊接模式使用相同参数，则必须注意使这些参数位于相同位置（通道），如图 2 - 22 所示。

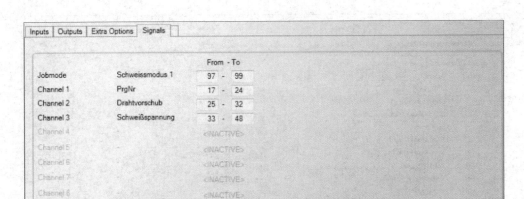

图 2 - 22　设定输出信号范围

10. 创建数据组

此处设置的单位在全局范围内适用于为机器人控制系统定义的所有数据组。在将项目传送到机器人控制系统中时，该单位被应用到 ArcTech 指令中。也可以在焊接数据组编辑器中更改单位。创建数据组如图 2 - 23 所示，创建数据组参数说明见表 2 - 10，按钮说明见表 2 - 11。

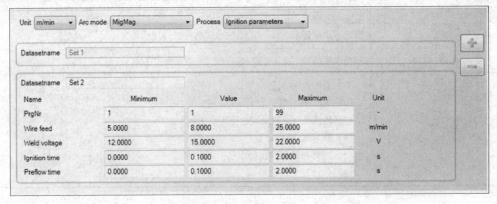

图 2 - 23　创建数据组

表 2 - 10　创建数组参数说明

参数	说　　明
单位	在机器人控制系统中的焊接速度单位：m/s、m/min、inch/min、cm/min，默认为 m/min
	这些参数规定了针对专门任务需编辑的默认数据组
焊接模式	仅在定义电源时激活的焊接模式可供选择
过程	所有工艺流程均可供选择： （1）引燃参数 （2）焊接参数 （3）终端焊口参数

续表

参数	说　明
	可以为数据组参数定义下列值
小	与任务相关的小值必须大于或等于全局小值
值	在编写焊接程序期间调用该数据组时默认显示的值
大	与任务相关的大值必须小于或等于全局大值

表 2-11　按钮说明

按钮	名称/说明
➕	插入数据组 将一个新的数据组添加到编辑器中
➖	从编辑器中删除打开的数据组

2.3.5　KUKA 机器人信号与 ArcTech Basic 软件信号连接

1. 连接信号表

焊接电源与机器人 I/O 信号表如表 2-12 所示，以机器人端为参考，机器人数字量输入信号有电弧建立信号。机器人数字量输出信号有手动送丝、手动送气、焊接命令、手动退丝。机器人模拟量输出有焊接电压/弧长信号、焊接电流/送丝速度信号。

表 2-12　连接信号表

焊机信号	ArcTech Editor 信号	机器人 I/O 信号
电弧建立信号	Current available	In 1
手动送丝	Wire feed forward	Out 1
手动送气	Gas active	Out 2
焊接命令	Weld start	Out 3
手动退丝	Wire feed backward	Out 4
焊接电压/弧长		Analog 1
焊接电流/送丝速度		Analog 2

2. 连接图纸

焊接电源接线图如图 2-24 所示，L1、L2、L3、PE 为焊接的供电电源，DB15 接口为焊接电源输入/输出接口，通过此接口与机器人进行信号交互。焊接电源正极与送丝机相连，负极与工件相连。

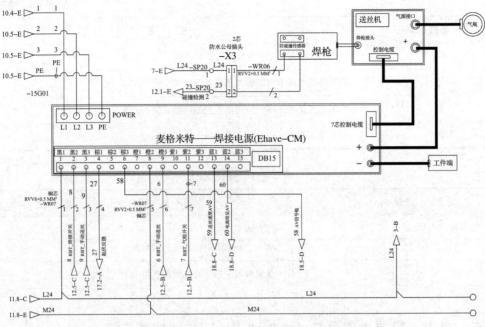

图 2-24　焊接电源接线图

机器人数字量端口如图 2-25 所示，1~16 号端口为数字量输入端，17~32 为数字量输出端。数字量输入数量共 16 个，数字量输出数量共 16 个。

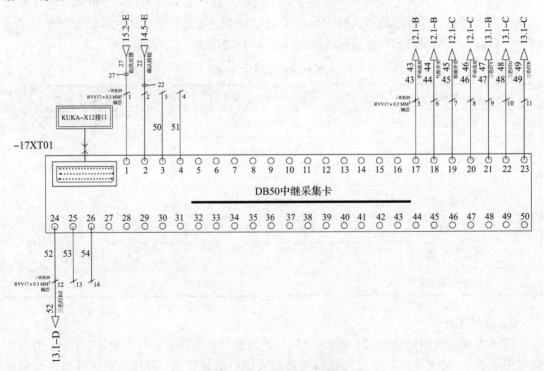

图 2-25　机器人数字量端口

机器人模拟量端口如图2-26所示，SM877为EtherCAT耦合器，用于和机器人进行通信连接，SM877下挂载SM832模拟量输出模块，0~10 V电压模拟量，V0和V1端口。

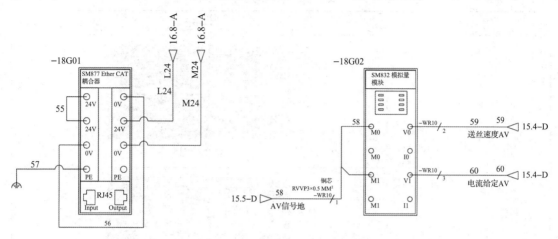

图2-26　机器人模拟量端口

2.3.6　焊接时的机械摆动

机械式摆动时，轨迹运动与摆动运动组合，以便焊接摆动焊缝。例如，通过摆动焊缝，可以消除部件之间的公差和缝隙。摆动时，焊嘴多可沿两个方向偏转（二维摆动运动）。

1. 摆动图形

（1）预设定的摆动图形有4个：三角形、梯形、不对称梯形和螺旋形。

（2）摆动时摆动图形始终被重复。

（3）摆动图形的形状和焊接速度有关。焊接速度越高，摆动图形的轨迹逼近就越强。

（4）摆动图形的形状还取决于用户为摆动长度和振幅设定的数值。

摆动图形的参数如图2-27所示。

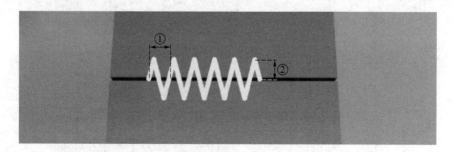

图2-27　摆动图形的参数

①—三角形的摆动长度（=1个波形；从摆动图形的起点到终点的轨迹长度）；②—振幅（=侧偏）。

焊缝的持续时间与摆动图形的摆动长度和振幅无关。梯形和螺旋形摆动图形表示焊接速度不均匀。根据振幅和摆动长度之间的关系，这可能在一个周期内于所设置的轨迹速度和多倍于该速度的速度之间波动。

各摆动图形见表 2 – 13。

表 2 – 13　各摆动图形

名称	摆动图形
不摆动	焊嘴无偏移
三角形	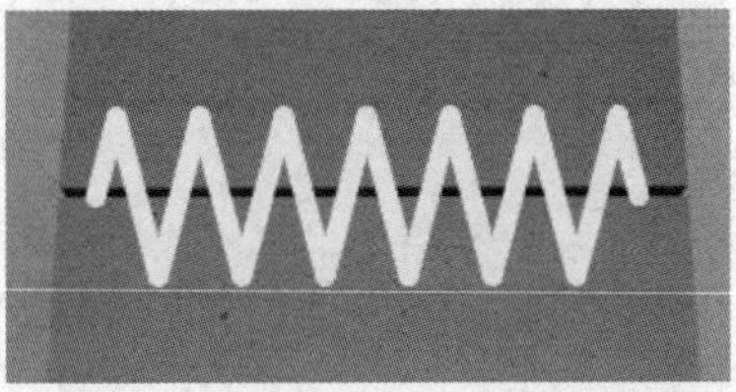 焊嘴在方向 1 上偏移
梯形	 焊嘴在方向 1 上偏移
不对称梯形	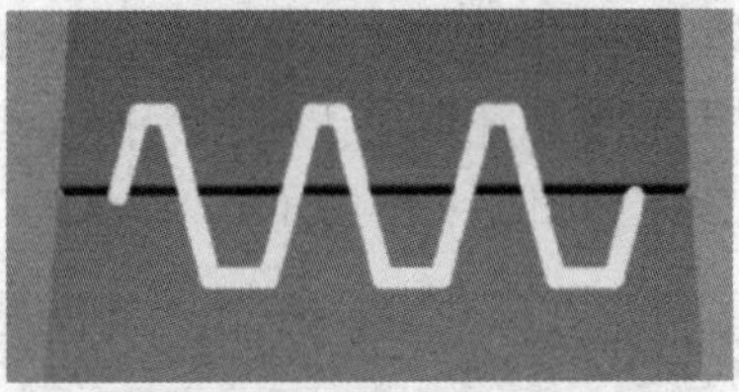 焊嘴在方向 1 上偏移
螺旋形	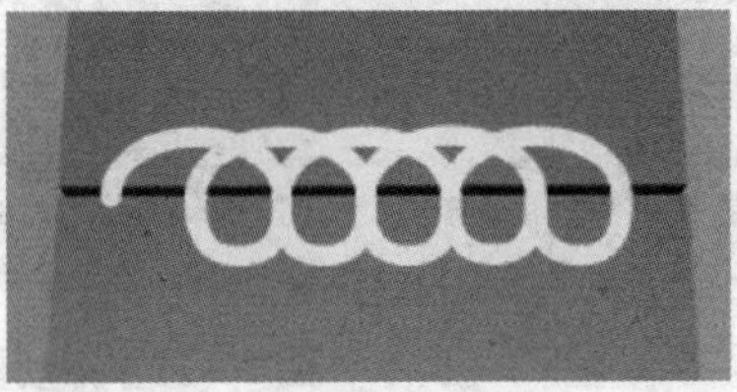 焊嘴在方向 2 上偏移（振幅 = 摆动长度/2）

2. 摆动面和工艺三支腿（TTS）

导电嘴的摆动面由与轨迹同步的工艺三支腿（等于 TTS/基于工具的工艺系统）确定。TTS 是与轨迹同步的坐标系统。每次 CP 运动时都会对其进行计算。TTS 由轨迹切线、工具的作业方向（$+X_{TOOL}$ 或 $+Z_{TOOL}$）以及由此得出的法向矢量构成。

X_{TTS}：轨迹切线。

Y_{TTS}：平面的法向矢量，该平面由轨迹切线和作业方向构成。

Z_{TTS}：直角坐标系统的法向矢量，该直角坐标系统由 X_{TTS} 和 Y_{TTS} 构成（等于工具的负作业方向）

工具的轨迹切线和作业方向不得平行；否则无法计算 TTS，并且机器人控制系统会发出故障信息。

注意：必须确保工具作业方向 $+X_{TOOL}$ 或 $+Z_{TOOL}$ 沿焊丝输出方向。工具作业方向与工具坐标系的 X 正轴或 Z 正轴方向不同或不在焊丝自由端方向时，可能会导致出现一些情况，如摆动面垂直于工件等。这可能会导致摆动时与工件碰撞。因此，建议在测量工具时通过 ABC – World – 6D 方法确定工具坐标系的方向。

对摆动面无论采用拖拉式还是前进式焊接都对其没有影响。0°时，摆动面等于 TTS 的 XY 面。通过在编程时设置角度，可将摆动面旋转 $-179° \sim +179°$。摆动面绕轨迹切线 X_{TTS} 旋转。

导电嘴的摆动面如图 2 – 28 所示。

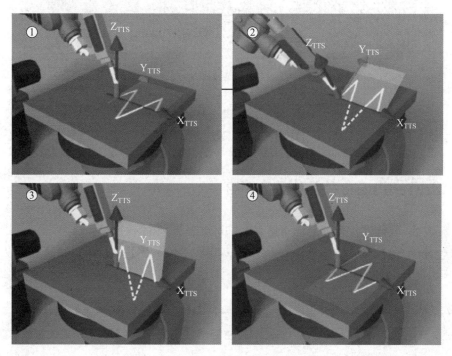

图 2 – 28　导电嘴的摆动面
①—0°时摆动面；②—0°时摆动面，已更改的工具姿态；
③—摆动面旋转了 90°；④—摆动面旋转了 179°。

3. 摆动频率

摆动频率对于摆动焊缝的质量至关重要，其由摆动长度和焊接速度而定。大的摆动频率取决于机器人。

摆动频率 $f(\text{Hz}) = (\text{焊接速度} \times 1\,000)/(\text{摆动长度} \times 60)$ 摆动长度 $s(\text{mm})$

摆动长度 $= (\text{焊接速度} \times 1\,000)/(\text{摆动频率} \times 60)$ 焊接速度 $v(\text{m/min})$

焊接速度 = (摆动频率 × 摆动长度 × 60)/1 000

注意：如果需要摆动频率超过 3 Hz，则必须先向 KUKA 机器人有限公司咨询。

摆动频率图如图 2 – 29 所示。

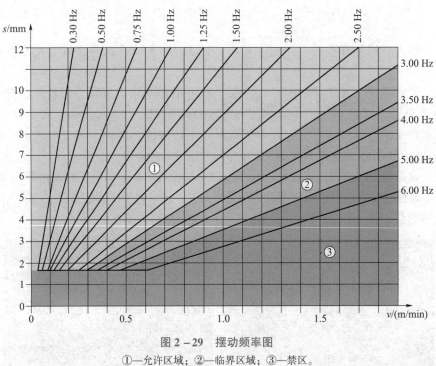

图 2 – 29　摆动频率图

①—允许区域；②—临界区域；③—禁区。

2.3.7　ArcTech Basic 软件状态键介绍

ArcTech Basic 软件状态键的说明见表 2 – 14 至表 2 – 16。

注意：在运行方式"外部自动运行"下或在提交解释器不运行时，状态键为灰色，不能使用。

表 2 – 14　焊丝进给

状态键	说　明
	状态键只有当机器人停止后才激活。按下加号键，焊丝前进（黄色 LED 指示灯亮）。按下减号键，焊丝后退（黄色 LED 指示灯亮）

表 2 – 15　接通/关闭焊接

状态	说　明
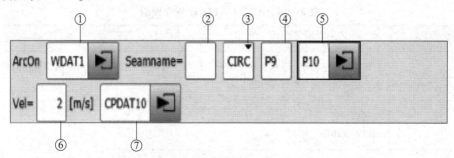	焊接工艺过程已关闭。按状态键即激活焊接开通。只有当机器人停止时，方可在焊接轨迹上激活焊接开通。当机器人不在焊接轨迹上时，可随时激活焊接开通，然后在下一个 ARC 打开时焊接工艺过程即激活
	焊接工艺过程已接通。单击状态键，重置焊接开通，可随时重置。如果在焊接期间重置焊接开通，焊接将会立即结束，并且机器人不焊接但继续沿焊接轨迹运行

注意：在运行方式 T1 和 T2 下，只有状态键的状态与焊接开通相关。钥匙开关的状态不被考虑。

表 2 – 16　接通/关闭空转

状态	说　明
	只有当焊接工艺过程已关断并且机器人不在焊接轨迹上时，状态键方可被激活。 空转已接通。机器人以用系数 2 加快的速度沿焊接轨迹运行。摆动此时已关断。单击状态键，关断空转
	只有当焊接工艺过程已关断并且机器人不在焊接轨迹上时，状态键方可被激活。 空转已关断。机器人以编程速度沿焊接轨迹运行。摆动此时已接通。单击状态键，接通空转

注意：默认情况下，在安装 ArcTech Basic 时会激活流程选项在 T1 下焊接。如通过状态键激活工艺流程，则也在 T1 下进行焊接。在 T1 下进行焊接期间，必须穿戴个人防护用品（如护目镜、防护服）。

2.3.8　机器人焊接指令

1. ARC ON 焊接指令

指令 ARC ON 包含至引燃位置（目标点）的运动以及引燃、焊接、摆动参数。引燃位置无法轨迹逼近。电弧引燃并且焊接参数启用后，指令 ARC ON 结束，如图 2 – 30 所示，指令说明见表 2 – 17。

图 2 – 30　ARC ON 指令格式

表 2 – 17　ARC ON 指令说明

指令序号	说　明
①	引燃和焊接数据组名称。系统自动赋予一个名称，名称可以被改写。需要编辑数据时请单击箭头，相关选项窗口即自动打开
②	输入焊接名称
③	运动方式 PLP、LIN、CIRC
④	仅限于 CIRC：辅助点名称 系统自动赋予一个名称，名称可以被改写
⑤	目标点名称。系统自动赋予一个名称，名称可以被改写。需要编辑数据时请单击箭头，相关选项窗口即自动打开
⑥	驶至引燃位置的运动速度 对于 PTP：0% ~10% 对于 LIN 或 CIRC：0.001 ~2 m/s 提示：向引燃位置作 LIN 或 CIRC 运动时单位是 m/s，并且无法更改。在 WorkVisual 项目中可以设置的单位仅与焊接时的速度有关
⑦	运动数据组名称。系统自动赋予一个名称，名称可以被改写。需要编辑数据时请单击箭头，相关选项窗口即自动打开

2. ARC SWITCH 焊接指令

指令 ARC SWITCH 用于将一个焊接分为多个焊缝段。一条 ARC SWITCH 指令中包含其中一个焊缝段中的运动、焊接以及摆动参数。轨迹始终逼近目标点。对最后一个焊缝段必须使用指令 ARC OFF，如图 2 – 31 所示，指令说明见表 2 – 18。

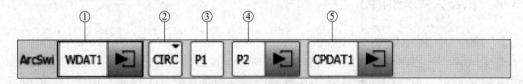

图 2 – 31　ARC SWITCH 指令格式

表 2 – 18　ARC SWITCH 指令说明

指令序号	说　明
①	焊接数据组名称。系统自动赋予一个名称，名称可以被改写。需要编辑数据时请单击箭头，相关选项窗口即自动打开
②	运动方式 LIN、CIRC

指令序号	说　　明
③	仅限于 CIRC：辅助点名称 系统自动赋予一个名称，名称可以被改写
④	目标点名称。系统自动赋予一个名称，名称可以被改写。需要编辑数据时请单击箭头，相关选项窗口即自动打开
⑤	运动数据组名称。系统自动赋予一个名称，名称可以被改写。需要编辑数据时请单击箭头，相关选项窗口即自动打开

3. ARC OFF 焊接指令

ARC OFF 在终端焊口位置（目标点）结束焊接工艺过程。在终端焊口位置填满终端弧坑。终端位置无法逼近轨迹。指令格式如图 2 – 32 所示，指令说明见表 2 – 19。

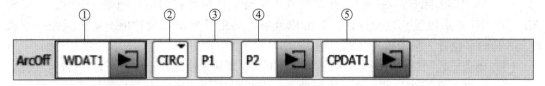

图 2 – 32　ARC OFF 指令格式

表 2 – 19　ARC OFF 指令说明

指令序号	说　　明
①	含终端焊口参数的数据组名称。系统自动赋予一个名称，名称可以被改写。需要编辑数据时请单击箭头，相关选项窗口即自动打开
②	运动方式 LIN、CIRC
③	仅限于 CIRC：辅助点名称 系统自动赋予一个名称，名称可以被改写
④	目标点名称。系统自动赋予一个名称，名称可以被改写。需要编辑数据时请单击箭头，相关选项窗口即自动打开
⑤	运动数据组名称。系统自动赋予一个名称，名称可以被改写。需要编辑数据时请单击箭头，相关选项窗口即自动打开

2.3.9　弧焊机器人的特点

弧焊机器人多采用气体保护焊方法（MAG、MIG、TIG），通常的晶闸管式、逆变式、波形控制式、脉冲或非脉冲式等的焊接电源都可以装到机器人上作为电弧焊。由于机器人控制柜采用数字控制，而焊接电源多为模拟控制，所以需要在焊接电源与控制柜之间加一个接口。

近年来，国外机器人生产厂都有自己特定的配套焊接设备，在这些焊接设备内已经插入相应的接口板，所以弧焊机器人系统中并没有附加接口箱。应该指出的是，在弧焊机器人工作周期中，出现电弧的时间所占的比例较大，因此在选择焊接电源时，一般应按持续率100%来确定电源的容量。送丝机构可以装在机器人的上臂上，也可以放在机器人之外，前者焊枪到送丝机之间的软管较短，有利于保持送丝的稳定性，而后者软管校长，当机器人把焊枪送到某些位置，使软管处于多弯曲状态，会严重影响送丝的质量，所以送丝机的安装方式一定要考虑保证送丝稳定性的问题。

2.3.10　弧焊机器人应用中存在的问题和解决措施

（1）出现焊偏问题：可能是焊接的位置不正确或焊枪寻找时出现问题。这时，要考虑TCP（焊枪中心点位置）是否准确，并加以调整。如果频繁出现这种情况就要检查一下机器人各轴的零位置，重新校零予以修正。

（2）出现咬边问题：可能是焊接参数选择不当、焊枪角度或焊枪位置不对，可适当调整。

（3）出现气孔问题：可能是气体保护差、工件的底漆太厚或者保护气体不够干燥，进行相应的调整即可。

（4）飞溅过多问题：可能是焊接参数选择不当、气体组分原因或焊丝外伸长度太长，可适当调整机器功率的大小来改变焊接参数，调节气体配比仪来调整混合气体比例，调整焊枪与工件的相对位置。

（5）焊缝结尾处冷却后形成一弧坑问题：可在编程时的工作步骤中添加埋弧坑功能，即可以将其填满。

2.3.11　在焊接过程中，机器人系统常见的故障

（1）发生撞枪：可能是由于工件组装发生偏差或焊枪的TCP不准确，可检查装配情况或修正焊枪TCP。

（2）出现电弧故障，不能引弧：可能是由于焊丝没有接触到工件或工艺参数太小，可手动送丝，调整焊枪与焊缝的距离，或者适当调节工艺参数。

（3）保护气监控报警：冷却水或保护气体供给存在故障，检查冷却水或保护气体管路。

2.3.12　焊接机器人的编程技巧

（1）选择合理的焊接顺序，以减小焊接变形、焊枪行走路径长度，制定焊接顺序。

（2）要求焊枪空间过渡移动轨迹较短、平滑、安全。

（3）优化焊接参数，为了获得最佳的焊接参数，要先制作工作试件进行焊接试验和工艺评定。

（4）采用合理的变位机位置、焊枪姿态、焊枪相对接头的位置。工件在变位机上固定之后，若焊缝不是理想的位置与角度，就要求编程时不断调整变位机，使得焊接的焊缝按照焊接顺序逐次达到水平位置。同时，要不断调整机器人各轴位置，合理地确定焊枪相对接头的位置、角度与焊丝伸出长度。工件的位置确定之后，焊枪相对接头的位置必须通过编程者的双眼观察，难度较大，这就要求编程者善于总结和积累经验。

（5）及时插入清枪程序。编写一定长度的焊接程序后，应及时插入清枪程序，可以防止焊接飞溅堵塞焊接喷嘴和导电嘴，保证焊枪的清洁，提高喷嘴的寿命，确保可靠引弧、减少焊接飞溅。

（6）编制程序一般不能一步到位，要在机器人焊接过程中不断检验和修改程序，调整焊接参数及焊枪姿态等，才会形成一个好程序。

2.4　任务实现

任务1　设定 ArcTech Editor 软件

1. 打开 ArcTech Editor 软件

（1）双击 Universalstromquelle，打开 ArcTech Editor 软件，WorkVisual 界面如图 2 – 33 所示。

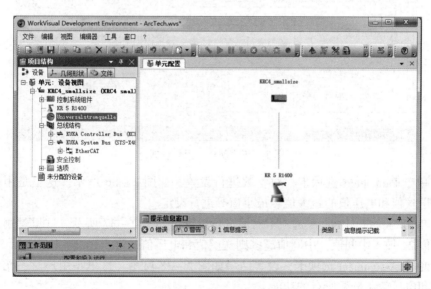

图 2 – 33　WorkVisual 界面

（2）ArcTech Editor 界面如图 2 – 34 所示。

2. 设置一元化模式

（1）单击进入 Parameterdefinition 界面后，单击 Mode 选项卡并进行设置，如图 2 – 35 所示。

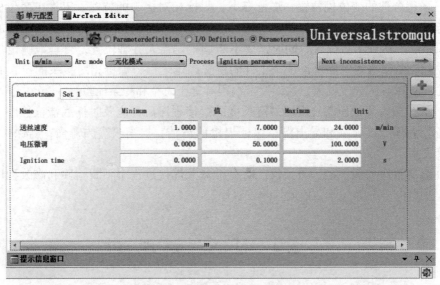

图 2-34　ArcTech Editor 界面

图 2-35　创建一元化模式

（2）单击 Parameters 选项卡，对参数进行设置，如图 2-36 所示。这里是用户对一元化模式的送丝值和电压值的最大值、最小值等进行设定。

（3）单击 Supported Points 选项卡对值进行设置，如图 2-37 所示。这里是用户对送丝值和电压值 24 加入中间值，中间值越多则送丝值和电压值的进入越高。

（4）单击 Assignment 选项卡，设置结果如图 2-38 所示。这里是用户对一元化模式的送丝速度和电压微调分配所有的功能。

3. 设置 I/O 值

（1）设置输入值，设置结果如图 2-39 所示。

（2）设置输出值，设置结果如图 2-40 所示。

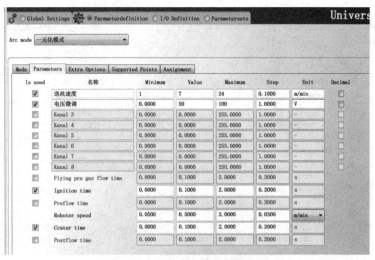

图 2 - 36　设置送丝值和电压值

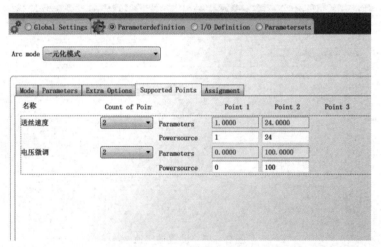

图 2 - 37　设置中间值

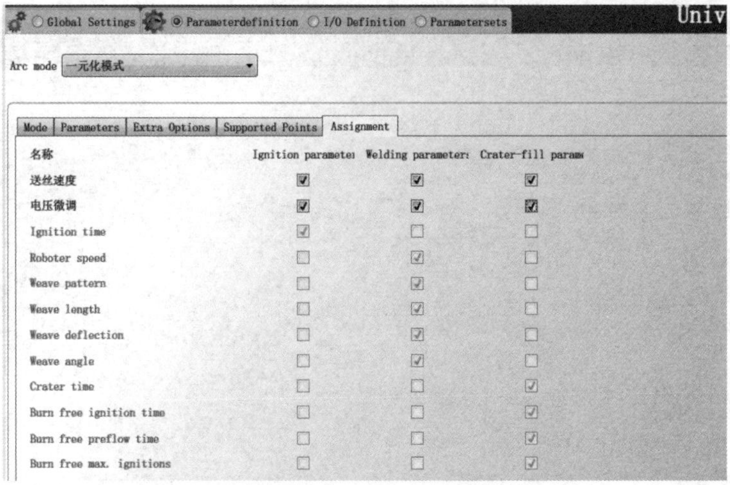

图 2 - 38　分配其功能

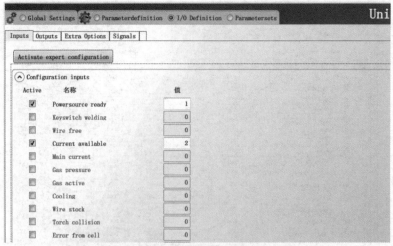

图 2 - 39　设置输入值

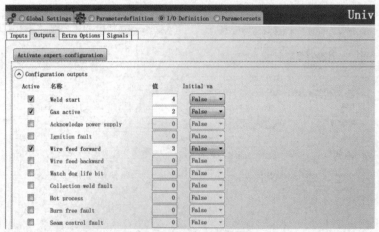

图 2 - 40　设置输出值

（3）设置地址，设置结果如图 2 - 41 所示。

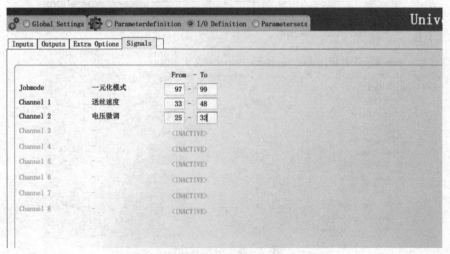

图 2 - 41　设置地址

任务 2　分拣插件项目创建工具数据

测量工具意味着生成一个工具参照点为原点的坐标系。该参照点称为工具中心点（Tool Center Point，TCP），该坐标系即为工具坐标系，如图 2 - 42 所示。

图 2 - 42　设定焊枪工具坐标系

工具测量包括以下两方面内容。

（1）TCP（坐标系原点）的测量。

（2）坐标系姿态/朝向的测量。

注意：最多可以存储 16 个工具坐标系（变量：TOOL_DATA [1...16]）。

1）工具测量的方法

工具测量分为表 2 - 20 所列的两步。

表 2 - 20　工具测量步骤

步骤	说　　明
1	确定工具坐标系的原点 可选择以下方法： ①*XYZ* 4 点法 ②*XYZ* 参照法
2	确定工具坐标系的姿态 可选择以下方法： ①*ABC* 世界坐标法 ②*ABC* 2 点法
或者	直接输入至法兰中心点的距离值（*X*，*Y*，*Z*）和转角（*A*，*B*，*C*） 数字输入

2）针对本平台的使用介绍 TCP 测量的 XYZ 4 点法（图 2 - 43）

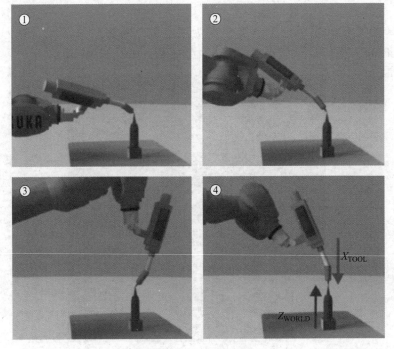

图 2 - 43　工具测量

（1）在菜单栏选择中"投入使用"→"测量"→"工具"→"XYZ 4 点"选项。

（2）为待测量的工具定一个名称，单击"继续"按钮确认。

（3）单击 TCP 移至任意一个参照点，单击"测量"按钮，出现对话框"是否应用当前位置？继续测量"，单击"是"按钮加以确定。

（4）用 TCP 从其他方向朝参照点移动，再次单击"测量"按钮，在弹出的对话框中单击"是"按钮。

（5）把第（4）步重复两次。

（6）负载数据输入窗口自动打开，正确输入负载数据，然后单击"继续"按钮。

包含测得 TCP X、Y、Z 值的窗口自动打开，测量精度可在误差项中读取，数据可通过单击"保存"按钮直接保存。

任务 3　针对工件焊接分析

本任务对 1 号工件进行加工，工件的材料为碳钢 Q235，焊接丝为 ER50 - 6 焊丝，气体为氩气（Ar）80%、二氧化碳（CO_2）20% 的混合气体，焊缝长度为 100 mm，如图 2 - 44 所示。

送丝速度为 19.5，焊接电压为 100（仅为参考值，请根据实际情况调整送丝速度和焊接电压）。

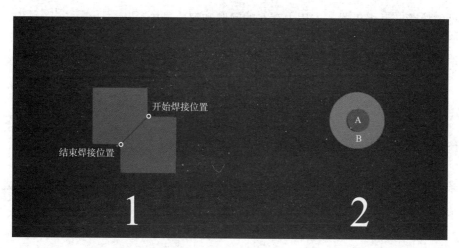

图 2 - 44　焊接工件

任务4　焊接程序

焊接程序代码如下。

```
DEF Main()
INI;初始化
PTP HOME VEL =100%  DEFAULT;机器人回到 HOME 点
PTP P1 VEL =100%  DEFAULT;机器人到达焊接开始位置上方
ArcOn WDAT1 LIN P2 Vel =2 m/s CPDAT1;机器人到达焊接开始位置开始焊接
ArcOff WDAT2 LIN P2 CPDAT1;机器人到达焊接结束位置结束焊接
PTP HOME VEL =100%  DEFAULT;机器人回到 HOME 点
END
```

2.5　考核评价

考核任务1　熟练配置 ArcTech Editor

要求：能熟练地掌握 ArcTech Editor 的各个界面的参数，并能配置出一套完整的焊接参数。

考核任务2　完善程序

要求：认真阅读焊接机器人的编程技巧，在焊接过程中，如出现问题，请参考机器人系统常见的故障、弧焊机器人应用中存在的问题和解决措施。

2.6 扩 展 提 高

扩展任务　完成 2 号工件的焊接

　　要求：通过知识准备内的知识，使 2 号工件的 A 物件焊接在 B 物件之上，完成程序的编写。

项目 3

工业机器人系统集成与
典型应用——分拣插件

3.1 项 目 描 述

本项目的主要学习内容包括：KUKA 分拣插件机器人工作站的主要组成单元，KUKA 分拣插件机器人的相关指令，KUKA 机器人的 I/O 配置，创建工具数据、基坐标数据和有效载荷，独立完成程序编写等。

3.2 教 学 目 的

通过本项目的学习让学生了解工业机器人分拣插件，了解分拣插件工作站的主要组成单元，在工作站中配置好 I/O 单元及信号，并通过示教器与系统 I/O 信号关联，创建分拣插件所需的工具数据、基坐标数据，了解 KUKA 机器人的常用运动指令、I/O 控制指令、逻辑控制指令，并学会使用 WorkVisual 编写分拣插件程序完成调试，总结学习过程中的经验。

3.3 知 识 准 备

3.3.1 KUKA 分拣插件机器人工作站的主要组成单元

KUKA 分拣插件机器人工作站的主要组成单元包括机器人、工具、工件、输送线和视觉检测系统等。机器人采用 KUKA 公司 KR5 R1400 机器人，KR5 R1400 是 6 轴机器人。分拣插件夹具的种类也很多，如吸盘式夹具、夹板式夹具、夹爪式夹具、托盘夹具等，其广泛应用于化工、建材、饮料、食品等各行业生产线物料、货物的堆放等。根据分拣对象的不同选择合适的工具，如图 3 - 1 所示。

图 3 - 1　KUKA 分拣插件机器人工作站

3.3.2　KUKA 机器人常用的运动指令

机器人在空间中进行运动主要有 3 种方式，即点到点运动（PTP）、线性运动（LIN）、圆弧运动（CIRC）。这 3 种方式的运动指令分别介绍如下。

1. 点到点运动指令（PTP）

点到点运动是在对路径精度要求不高的情况下，机器人的工具中心点（TCP）从一个位置移动到另一个位置，两个位置之间的路径不一定是直线，如图 3 - 2 所示。点到点运动（PTP）指令适合机器人大范围运动时使用，不容易在运动过程中出现关节轴进入机械死点位置的问题。

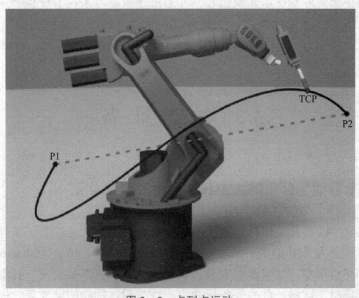

图 3 - 2　点到点运动

例如：PTP　P2　CONT　Vel = 100%　PDAT1　Tool［0］　　Base［0］

点到点运动指令解析见表 3 – 1。

表 3 – 1　点到点运动指令解析

序号	参数	说　　明
1	PTP	点到点运动指令
2	P2	目标点位置数据
3	CONT	CONT：转弯区数据，空白：准确到达目标点
4	Vel = 100%	速度 10% ~ 100%
5	PDAT1	运动数据组：加速度、转弯区半径、姿态引导
6	Tool［0］	工具坐标系
7	Base［0］	基坐标（工件）系

2. 线性运动指令（LIN）

线性运动是机器人的工具中心点（TCP）从起点到终点之间的路径始终保持直线，如图 3 – 3 所示，适用于对路径精度要求高的场合，如切割、涂胶等。

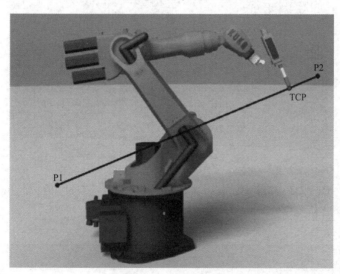

图 3 – 3　线性运动

例如：LIN　P2　CONT　Vel = 2 m/s　CPDAT1　Tool［0］　　Base［0］

线性运动指令解析见表 3 – 2。

表 3 – 2　线性运动指令解析

序号	参数	说　　明
1	LIN	线性运动指令
2	P2	目标点位置数据
3	CONT	CONT：转弯区数据，空白：准确到达目标点

序号	参数	说　明
4	Vel = 2 m/s	速度为 2 m/s
5	CPDAT1	运动数据组：加速度、转弯区半径、姿态引导
6	Tool［0］	工具坐标系
7	Base［0］	基坐标（工件）系

3. 圆弧运动指令（CIRC）

圆弧运动是机器人在可到达的空间范围内定义 3 个位置点，第一个位置点是圆弧的起点，第二个位置点是圆弧的曲率，第三个位置点是圆弧的终点，如图 3－4 所示。

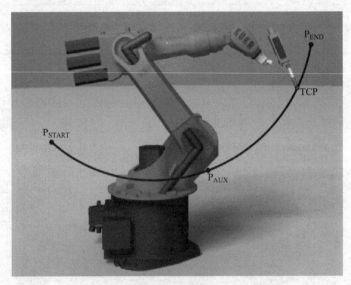

图 3－4　圆弧运动

例如：CIRC　P1　P2　Vel = 2 m/s　CONT　CPDAT1　Tool［0］　　Base［0］
圆弧运动指令解析见表 3－3。

表 3－3　圆弧运动指令解析

序号	参数	说　明
1	CIRC	圆弧运动指令
2	P1	辅助点位置数据
3	P2	目标点位置数据
4	CONT	CONT：转弯区数据，空白：准确到达目标点
5	Vel = 2 m/s	速度为 2 m/s
6	CPDAT1	运动数据组：加速度、转弯区半径、姿态引导
7	Tool［0］	工具坐标系
8	Base［0］	基坐标（工件）系

3.3.3   KUKA 机器人常用的 I/O 控制指令

设置数字输出端——OUT，OUT 指令解析见表 3 - 4。

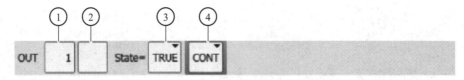

表 3 - 4   OUT 指令解析

指令序号	说　明
①	输出端编号
②	如果输出端已有名称则会显示出来。 仅限于专家用户组使用： 通过单击长文本可输入名称。名称可以自由选择
③	输出端被切换成的状态 TRUE FALSE
④	CONT：在预进过程中加工 ［空白］：带预进停止的加工

3.3.4   KUKA 机器人常用的逻辑控制指令

1. LOOP 无限循环

LOOP 无限循环就是无止境地重复指令段，然而，却可通过一个提前出现的中断（含 EXIT 功能）退出循环语句，具体使用实例如下。

实例 3 - 1：无 EXIT，永久执行对 P1 和 P2 的运动指令。

```
LOOP
    PTP   P1   Vel =100%   PDAT1
    PTP   P2   Vel =100%   PDAT2
ENDLOOP
    PTP   P3   Vel =100%   PDAT3
```

实例 3 - 2：带 EXIT，一直执行对 P1 和 P2 的运动指令，直到输入端 1 为 TRUE 时，跳出循环，机器人运动到 P3 点。

```
LOOP
    PTP  P1  Vel =100%  PDAT1
    PTP  P2  Vel =100%  PDAT2
    IF  $IN[1] == TRUE  THEN
        EXIT
    ENDIF
ENDLOOP
    PTP  P3  Vel =100%  PDAT3
```

2. FOR 循环

FOR 重复执行判断指令，根据指定的次数，重复执行对应的程序，步幅默认为 +1，也可通过关键词 STEP 指定为某个整数，具体使用实例如下。

实例 3 - 3：该循环依次将输出端 1 ~ 4 切换到 TRUE。用整数（INT）变量"i"来对一个循环语句内的循环进行计数。没有借助 STEP 指定步幅时，循环计数"i"会自动加 1。

```
DECL INT  i
...
FOR  i =1  TO  4      ;没有借助 STEP 指定步幅,默认为1
    $OUT[ i ] == TRUE
ENDFOR
```

实例 3 - 4：该循环中借助 STEP 指定步幅为 2，循环计数"i"会自动加 2，所以该循环只会运行两次，一次为 i =1，另一次则以 i =3。计数值为 5 时，循环立即终止。

```
DECL INT  i
...
FOR  i =1  TO  4  STEP 2  ;借助 STEP 指定步幅为2
    $OUT[ i ] == TRUE
ENDFOR
```

3. WHILE 当型循环

WHILE 循环是一种当型或者先判断型循环，在这种循环执行的过程中先判断条件是否成立，再执行循环中的指令，具体使用实例如下。

实例 3 - 5：下面的 WHILE 循环指令将输出端 2 切换为 TRUE，而输出端 3 切换为 FALSE，并且将机器人移入 Home 位置，但仅当循环开始时就已满足条件（输入端 1 为 TRUE）时才成立。

```
WHILE $IN[1] == TRUE  ;判断条件输入端1是否为 TRUE
    $OUT[2] = TRUE
    $OUT[3] = FALSE
    PTP  HOME  Vel =100%  PDAT1
ENDWHILE
```

4. REPEAT 直到型循环

REPEAT 循环是一种直到型或者检验循环，这种循环会在第一次执行完循环的指令部分后才会检测终止条件，具体使用实例如下。

实例 3 - 6：REPEAT 循环示例将输出端 2 切换为 TRUE，而输出端 3 切换为 FALSE，并且将机器人移入 Home 位置。这时才会检测条件（输入端 1 为 TRUE）是否成立。

```
REPEAT
    $OUT[2] = TRUE
    $OUT[3] = FALSE
    PTP  HOME  Vel =100%  PDAT1
UNTIL $IN[1] == TRUE   ;判断条件输入端 1 是否为 TRUE
```

5. IF 条件分支

IF 条件判断指令，就是根据不同的条件判断去执行不同的指令，具体使用实例如下。

实例 3 - 7：无选择分支的 IF 分支，如果输入端 1 为 TRUE 时，机器人移动到 P1、P2 点。

```
IF  $IN[1] == TRUE  THEN
    PTP  P1  Vel =100%   PDAT1
    PTP  P2  Vel =100%   PDAT2
ENDIF
```

实例 3 - 8：有可选分支的 IF 分支，如果输入端 1 为 TRUE 时，机器人移动到 P1、P2 点；否则移动到 P3。

```
IF  $IN[1] == TRUE  THEN
    PTP  P1  Vel =100%   PDAT1
    PTP  P2  Vel =100%   PDAT2
ELSE
    PTP  P3  Vel =100%   PDAT3
ENDIF
```

6. SWITCH 多分支

SWITCH 多分支根据变量的判断结果，在指令块中跳到预定义的 CASE 指令中执行对应程序段。如果 SWITCH 指令未找到预定义的 CASE，则运行 DEFAULT 下的程序。

实例 3 - 9：如果变量 "i" 的值为 1，则执行 CASE 1 下的程序，机器人运动到点 P1。如果变量 "i" 的值为 2，则执行 CASE 2 下的程序，机器人运动到点 P2。如果变量 "i" 的值为 3，则执行 CASE 3 下的程序，机器人运动到点 P3。如果变量 "i" 的值未在 CASE 中列出（在该例中为 1、2 和 3 以外的值），则将执行默认分支，机器人回 HOME 点。

```
DECL INT  i
...
SWITCH  i
CASE 1
```

```
        PTP  P1  Vel =100%   PDAT1
        ...
CASE 2
        PTP  P2  Vel =100%   PDAT2
        ...
CASE 3
        PTP  P3  Vel =100%   PDAT3
        ...
DEFAULT
        PTP  HOME  Vel =100%   DEFAULT
ENDSWITCH
```

3.3.5 KUKA 机器人的子程序

在机器人的编程中，为了使程序运行更有逻辑性，也使程序结构化、简捷明了、条理清晰，可以使用子程序，也可以调用其他程序。

子程序分为局部子程序和全局子程序两类，局部子程序位于主程序之后，以 DEF Name_Unterprogramm（）和 END 标明，其格式如下。

全局子程序则可以是系统中存放的其他程序，它有自己单独的 SRC 和 DAT 文件。全局子程序允许多次调用，每次调用后跳回主程序中调用子程序后面的第一条指令处。

全局子程序的调用不像局部子程序需要在名称前加"DEF"，直接在主程序中输入该子程序的名称即可调用全局子程序，其编程实例如下。

```
DEF MY_PROG( )
;此为主程序
LOCAL_PROG1( )
...
END
_____
DEF LOCAL_PROG1( )
...
LOCAL_PROG2( )
...
END
_____
DEF LOCAL_PROG2( )
...
END
```

```
DEF MAIN( )
INI
LOOP                    ;无限循环
    GET_PEN( )          ;调用全局子程序 GET_PEN
    PAINT_PATH( )       ;调用全局子程序 PAINT_PATH
    PEN_BACK( )         ;调用全局子程序 PEN_BACK
    GET_PLATE( )        ;调用全局子程序 GET_PLATE
    GLUE_PLATE( )       ;调用全局子程序 GLUE_PLATE
    PLATE_BACK( )       ;调用全局子程序 PLATE_BACK
IF  $IN[1] = = TRUE THEN;当输入端口 1 为 TRUE 时跳出循环
EXIT
ENDIFENDLOOP
END
```

3.4　任 务 实 现

任务1　分拣插件项目创建工具数据

测量工具意味着生成一个工具参照点为原点的坐标系。该参照点称为 TCP（Tool Center Point，工具中心点），该坐标系即为工具坐标系，如图 3-5 所示。

图 3-5　分拣、插件与视觉检测工业机器人工作站工具吸盘

工具测量包括以下两方面内容。

（1）TCP（坐标系原点）的测量。

（2）坐标系姿态/朝向的测量。

注意：最多可以存储 16 个工具坐标系（变量：TOOL_DATA［1. . . .16］）。

1）工具测量的方法

工具测量分为表 3 – 5 所列的两步。

表 3 – 5　工具测量

步骤	说　　明
1	确定工具坐标系的原点 可选择以下方法： *XYZ* 4 点法 *XYZ* 参照法
2	确定工具坐标系的姿态 可选择以下方法： *ABC* 世界坐标法 *ABC* 2 点法
或者	直接输入至法兰中心点的距离值（*X*，*Y*，*Z*）和转角（*A*，*B*，*C*） 数字输入

2）针对本平台使用 TCP 测量的 *XYZ* 4 点法

（1）在菜单中选择"投入使用"→"测量"→"工具"→"*XYZ* 4 点"选项。

（2）为待测量的工具给定一个名称，单击"继续"按钮确认。

（3）用 TCP 移至任意一个参照点，单击"测量"按钮，弹出对话框"是否应用当前位置继续测量？"，单击"是"按钮即可。

（4）用 TCP 从一个其他方向朝参照点移动，再次单击"测量"按钮，在弹出的对话框中，单击"是"按钮即可。

（5）把第（4）步重复两次。

（6）负载数据输入窗口自动打开，正确输入负载数据，然后单击"继续"按钮。

包含测得 TCP *X*，*Y*，*Z* 值的窗口自动打开，测量精度可在误差项中读取，数据可通过单击"保存"按钮直接保存。

工具测量如图 3 –6 所示。

任务 2　分拣插件项目创建基坐标系数据

基坐标系表示根据世界坐标系在机器人周围的某一个位置上创建的坐标系，分拣、插件项目中所需基坐标系 WobjBuffer 和 WobjCNV 如图 3 –7、图 3 –8 所示。其目的是使机器人的运动在编程设定的位置均以该坐标系为参照。因此，设定的工件支座和抽屉的边缘、货盘或机器的边缘均可作为测量基准坐标系中合理的参考点。

基坐标系测量的方法有 3 点法、间接法、数字输入法 3 种，如表 3 –6 所示。

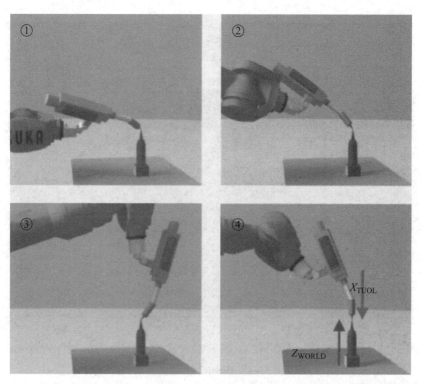

图 3 – 6　工具测量

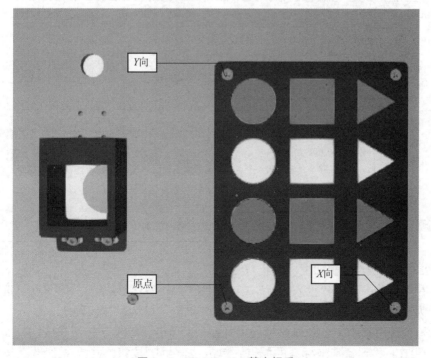

图 3 – 7　WobjBuffer 基坐标系

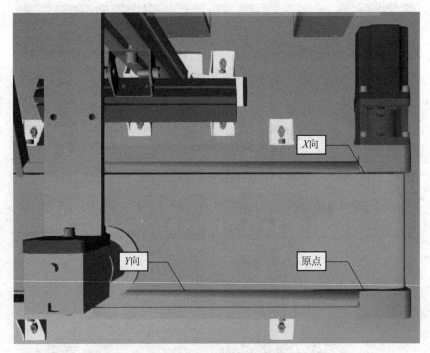

图 3 - 8　WobjCNV 基坐标系

表 3 - 6　基坐标系测量方法

方法	说　　明
3 点法	(1) 定义原点 (2) 定义 X 轴的正方向 (3) 定义 Y 轴的正方向（XY 平面）
间接法	当无法移至基坐标原点时，例如，由于该点位于工件内部，或位于机器人工作空间之外时，须采用间接法。 此时须移至基坐标的 4 个点，其坐标值必须已知（CAD 数据）。机器人控制系统根据这些点计算基坐标
数字输入法	直接输入至世界坐标系的距离值（X, Y, Z）和转角（A, B, C）。

3 点法的具体操作步骤如下。

(1) 在主菜单中选择"投入运行"→"测量"→"基坐标系"→"3 点"选项。

(2) 为基坐标系分配一个号码和一个名称，单击"继续"按钮确认。

(3) 输入需用其 TCP 测量基坐标的工具编号，单击"继续"按钮确认。

(4) 用 TCP 移到新基坐标系的原点，单击"测量"按钮，并单击"是"按钮确认位置，如图 3 - 9 所示。

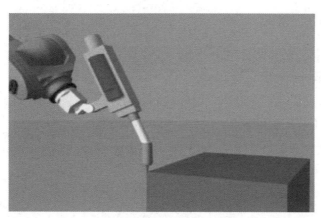

图 3 - 9　第一个点：原点

（5）将 TCP 移至新基坐标系正向 X 轴上的一个点，单击"测量"按钮，并单击"是"按钮确认位置，如图 3 - 10 所示。

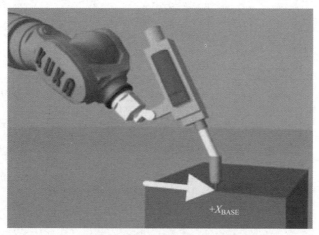

图 3 - 10　第二个点：X 向

（6）将 TCP 移至 XY 平面上一个带有正 Y 值的点。单击"测量"按钮并单击"是"按钮确认位置，如图 3 - 11 所示。

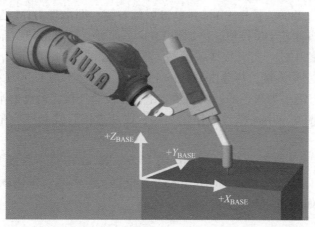

图 3 - 11　第三个点：XY 平面

（7）单击"保存"按钮。

（8）关闭菜单。

任务 3 分拣插件项目 I/O 配置

分拣插件项目 I/O 配置见表 3-7。

表 3-7 I/O 配置

机器人 I/O	信号名称	变量
输出 1	驱动装置处于待机状态	$PERI_RDY
输出 2	集合故障	$STOPMESS
输出 3	外部自动运行	$EXT
输出 4	程序激活	$PRO_ACT
输出 5	真空吸盘	
输入 1	程序启动	$EXT_START
输入 2	运行开通	$MOVE_ENABLE
输入 3	错误确认	$CONF_MESS
输入 4	驱动器关闭	$DRIVES_OFF
输入 5	驱动装置接通	$DRIVES_ON
输入 6	负压传感器信号检测	

1. 配置数字输入信号

首先将机器人与计算机连接，然后打开总线结构，可以查看到 EBus 下有个 EL1809 和 EL2809，EL1809 提供 16 通道的数字输入，EL2809 提供 16 通道的数字输出。如果 EBus 下未找到 EL1809 和 EL2809，选中 EBus 并单击鼠标右键，即出现 DTM 选择快捷菜单，找到 EL1809 和 EL2809 并单击 OK 按钮，添加到 EBus 下即可，如图 3-12 所示。

然后单击按钮栏中的"打开接线编辑器"按钮，如图 3-13 所示。

单击 A 区的数字输入端，再单击 B 区的 EL1809，就会出现 C 区（断开）和 D 区（连接），在 D 区内如有箭头为灰色的，就表示本组信号没有连接，需选中本组信号并单击鼠标右键，在弹出的快捷菜单中选择"连接"命令，成功连接后就会显示在 C 区，如图 3-14 所示。

左端 KRC 数字输入端有 4096 个（$IN[1]~（$IN[4096]），右端 EL1809 数字输入端有 16 个（Channel 1. Input ~ Channel 16. Input），根据实际要求，单击鼠标右键，将对应的输入端连接起来，如图 3-15 所示。

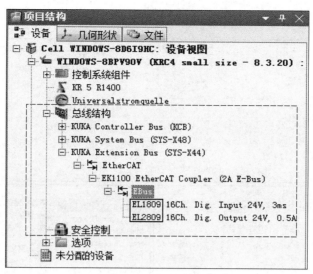

图 3 – 12　总线结构

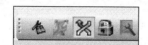

图 3 – 13　打开接线编辑器按钮

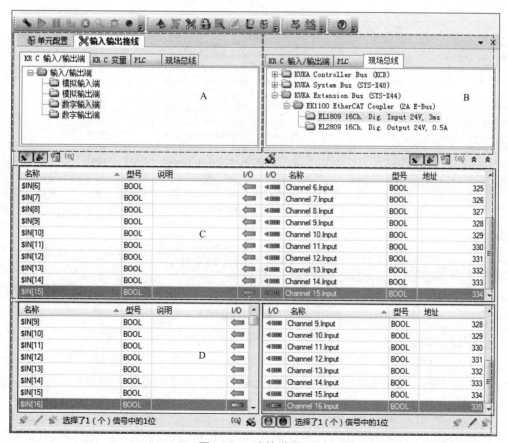

图 3 – 14　连接说明 1

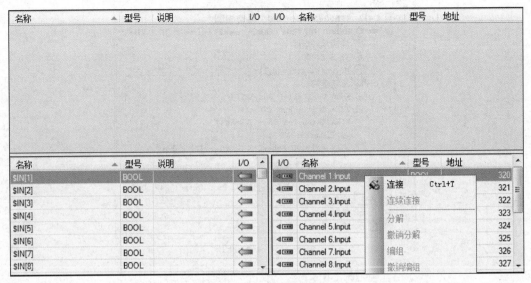

图 3 – 15　连接说明 2

全部连接完后，在 C 区可以检查配置成功的 I/O 信号，如图 3 – 16 所示。

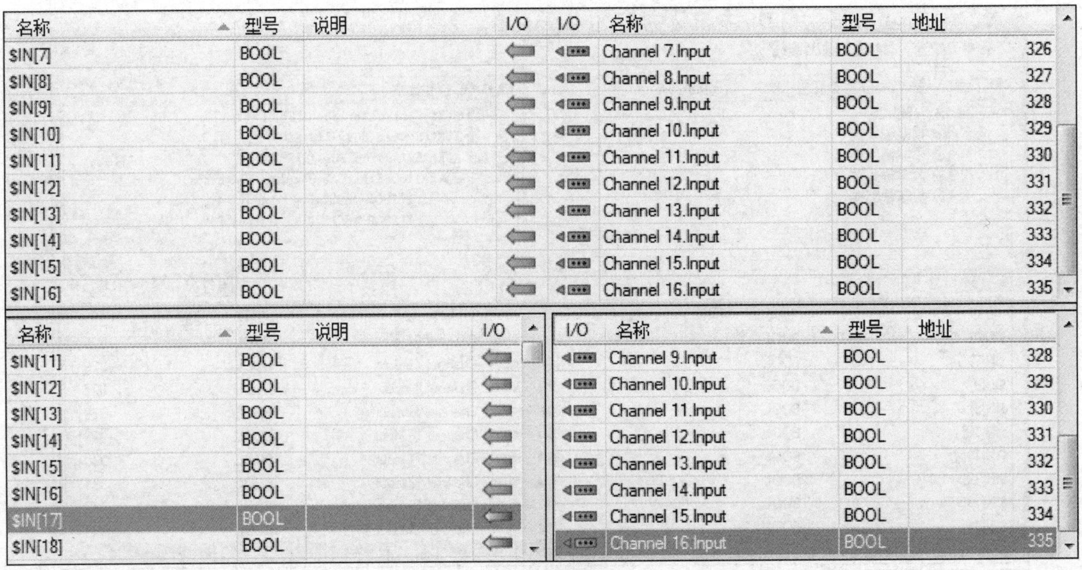

图 3 – 16　连接说明 3

2. 配置数字输出信号

单击 A 区的数字输出端，再单击 B 区的 EL2809，就会出现 C 区（断开）和 D 区（连接），在 D 区内如有箭头为灰色的，就表示本组信号没有连接，需选中本组信号并单击鼠标右键，在弹出的快捷菜单中选择"连接"命令，成功连接后就会显示在 C 区，如图 3 – 17 所示。

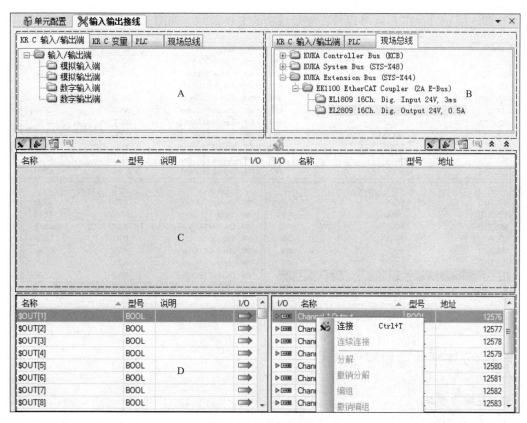

图 3 – 17　连接说明 4

左端 KRC 数字输出端有 4096 个（$OUT［1］~ $OUT［4096］），右端 EL2809 数字输出端有 16 个（Channel 1. Output ~ Channel 16. Output），根据实际要求，单击鼠标右键，将对应的输出端连接起来，如图 3 – 18 所示。

名称	型号	说明	I/O	I/O	名称	型号	地址
$OUT[1]	BOOL		⇒	▷▦	Channel 1 Output	BOOL	12576

名称	型号	说明	I/O		I/O	名称	型号	地址	
$OUT[1]	BOOL		⇒		▷▦	Channel 1.Output	BOOL	12576	
$OUT[2]	BOOL		⇒		▷▦	Channel 2.Output	BOOL	12577	
$OUT[3]	BOOL		⇒		▷▦	Channel 3.Output	BOOL	12578	
$OUT[4]	BOOL		⇒		▷▦	Channel 4.Output	BOOL	12579	
$OUT[5]	BOOL		⇒		▷▦	Channel 5.Output	BOOL	12580	
$OUT[6]	BOOL		⇒		▷▦	Channel 6.Output	BOOL	12581	
$OUT[7]	BOOL		⇒		▷▦	Channel 7.Output	BOOL	12582	
$OUT[8]	BOOL		⇒		▷▦	Channel 8.Output	BOOL	12583	

图 3 – 18　连接说明 5

全部连接完后，在 C 区可以检查配置成功的 I/O 信号，如图 3－19 所示。

名称	型号	说明	I/O	I/O	名称	型号	地址
$OUT[7]	BOOL		⇒	▷▩	Channel 7.Output	BOOL	12582
$OUT[8]	BOOL		⇒	▷▩	Channel 8.Output	BOOL	12583
$OUT[9]	BOOL		⇒	▷▩	Channel 9.Output	BOOL	12584
$OUT[10]	BOOL		⇒	▷▩	Channel 10.Output	BOOL	12585
$OUT[11]	BOOL		⇒	▷▩	Channel 11.Output	BOOL	12586
$OUT[12]	BOOL		⇒	▷▩	Channel 12.Output	BOOL	12587
$OUT[13]	BOOL		⇒	▷▩	Channel 13.Output	BOOL	12588
$OUT[14]	BOOL		⇒	▷▩	Channel 14.Output	BOOL	12589
$OUT[15]	BOOL		⇒	▷▩	Channel 15.Output	BOOL	12590
$OUT[16]	BOOL		⇒	▷▩	Channel 16.Output	BOOL	12591

名称	型号	说明	I/O	I/O	名称	型号	地址
$OUT[11]	BOOL		⇒	▷▩	Channel 9.Output	BOOL	12584
$OUT[12]	BOOL		⇒	▷▩	Channel 10.Output	BOOL	12585
$OUT[13]	BOOL		⇒	▷▩	Channel 11.Output	BOOL	12586
$OUT[14]	BOOL		⇒	▷▩	Channel 12.Output	BOOL	12587
$OUT[15]	BOOL		⇒	▷▩	Channel 13.Output	BOOL	12588
$OUT[16]	BOOL		⇒	▷▩	Channel 14.Output	BOOL	12589
$OUT[17]	BOOL		⇒	▷▩	Channel 15.Output	BOOL	12590
$OUT[18]	BOOL		⇒	▷▩	Channel 16.Output	BOOL	12591

图 3－19　连接说明 6

任务 4　分拣插件项目程序

1. 主程序模块

1）程序讲解

```
&ACCESS RVO1
&REL 17
&PARAM EDITMASK = *
&PARAM TEMPLATE = C:\KRC\Roboter\Template\vorgabe
;==================== 主程序 ====================
DEFMain()
INT I;定义 INT 变量 istep
INT istep;定义 INT 变量 istep
;====================================
;初始化(本段程序是库卡自动生成的,不必细看)
;FOLD INI;% {PE}
  ;FOLD BASISTECH INI
    GLOBAL INTERRUPT DECL 3 WHEN $STOPMESS == TRUE DO IR_STOPM ()
    INTERRUPT ON 3
    BAS (#INITMOV,0 )
;ENDFOLD (BASISTECH INI)
;FOLD USER INI
  ;Make your modifications here
```

```
  ;ENDFOLD (USER INI)
;ENDFOLD (INI)
; =====================================
;机器人回 HOME 原点
;FOLD PTP HOME  Vel = 10 %  DEFAULT;% {PE}% MKUKATPBASIS,% CMOVE,%
;VPTP,% P 1:PTP, 2:HOME, 3:, 5:100, 7:DEFAULT
$BWDSTART = FALSE
PDAT_ACT = PDEFAULT
FDAT_ACT = FHOME
BAS (#PTP_PARAMS,10 )
$H_POS = XHOME
PTP  XHOME
;ENDFOLD
; =====================================
$FLAG[120] = FALSE;将标志 120 位置为 false(用于检测 EtherNet 是否有数据传
;入,有为 true,没有为 false)
RET = EKI_Init("KRTMessage");初始化 EtherNet 通信文件
RET = EKI_Open("KRTMessage");打开 EtherNet 通信文件
AA1:
WHILE  TRUE;WHILE 循环
IF $FLAG[120] == TRUE THEN
ReadReal = 0.0
istep = 1
ReadPos = $NULLFRAME
FOR I = 1 to 256
    ReadCHAR[I] = 0
ENDFOR
FOR I = 5 to 8; FOR 循环,复位输出 5~8 的信号
    $OUT[I] = FALSE
ENDFOR
IF  istep == 1 THEN
    Pick();调用拾取程序 pick()
    istep = 2
ENDIF
IF  istep == 2 THEN
WAIT FOR $FLAG[12];等待 EtherNet 通道有数据传来
RET = EKI_GetString("KRTMessage","Sensor/Command",ReadCHAR[])
;将接收到的字符串数据保存到 ReadCHAR[]
```

```
WAIT FOR $FLAG[12];等待接收完成
$FLAG[12]=FALSE;将标志12置为false以便下次使用
IF CHECKSTRING(ReadCHAR[], "Sorting*",8) THEN;判断ReadCHAR[]里的数
;据是否为"Sorting*"
; =====================================
;机器人回HOME原点
;FOLD PTP PPICK_WAIT CONT Vel=15 %  PDAT1 Tool[1]:toolxi Base[2]:Wob
;jCNV;%｛PE｝% R8.3.38,% MKUKATPBASIS,% CMOVE,% VPTP,% P 1:PTP, 2:PPICK_
;WAIT, 3:C_DIS, 5:50, 7:PDAT1
$BWDSTART=FALSE
PDAT_ACT=PPDAT1
FDAT_ACT=FPPICK_WAIT
BAS(#PTP_PARAMS,15)
PTP XPPICK_WAIT C_DIS
;ENDFOLD
; =====================================
     Sorting();调用分拣放置程序
     WAIT SEC 0;等待0s,等待指令完成,防止指针预进
     GOTO  AA1;分拣放置完成,跳转到标签AA1处
ENDIF
IF CHECKSTRING(ReadCHAR[], "Plug_in*",8) THEN;判断ReadCHAR[]里的数据
;是否为"Sorting*"
     Plug_in();调用拆件放置程序
     WAIT SEC 0;等待0s,等待指令完成,防止指针预进
     GOTO AA1;插件放置完成,跳转到标签AA1处
ENDIF
ENDIF
ELSE
; =====================================
;根据TCP连接成功标志位120判断,如果连接未成功继续重连
     RET=EKI_Clear("KRTMessage");清除EtherNet通信文件
     RET=EKI_Init("KRTMessage");初始化EtherNet通信文件
     RET=EKI_Open("KRTMessage");打开EtherNet通信文件
ENDIF
; =====================================
ENDWHILE
; =====================================
;回HOME原点
```

```
;FOLD PTP HOME   Vel = 10 %  DEFAULT;%｛PE｝% MKUKATPBASIS,% CMOVE,%
;VPTP,% P 1:PTP, 2:HOME, 3:, 5:100, 7:DEFAULT
 $BWDSTART = FALSE
PDAT_ACT = PDEFAULT
FDAT_ACT = FHOME
BAS (#PTP_PARAMS,10 )
 $H_POS = XHOME
PTP   XHOME
;ENDFOLD
; ========================================
END
; ========================================
;抓取局部子程序
; ========================================
DEF Pick()
; ========================================
;机器人运动到抓取准备点 PPICK_WAIT
;FOLD PTP PPICK_WAIT Vel = 15 %  PDAT1 Tool[1]:toolxi Base[2]:WobjC
;NV;%｛PE｝% R8.3.38,% MKUKATPBASIS,% CMOVE,% VPTP,% P 1:PTP, 2:PPICK_
;WAIT, 3:, 5:50, 7:PDAT1
 $BWDSTART = FALSE
PDAT_ACT = PPDAT1
FDAT_ACT = FPPICK_WAIT
BAS(#PTP_PARAMS,15)
PTP XPPICK_WAIT
;ENDFOLD
; ========================================
WAIT SEC 0;等待 0s,等待指令完成,防止指针预进
; ========================================
;向上位机发送字符串指令 Start * OK 同时请求上位机发送抓取点的偏移量
RET = EKI_SetString("KRTMessage","Robot ⁄String","Start * OK")
RET = EKI_Send("KRTMessage","Robot")
; ========================================
WAIT SEC 0;等待 0s,等待指令完成,防止指针预进
WAIT for $flag[12];等待 EtherNet 通道有数据传来
RET = EKI_GetFRAME("KRTMessage","Sensor ⁄Positions",ReadPos)
;将接收到的点位数据保存到 ReadPos 中
WAIT for $flag[12];等待接收完成
```

```
$flag[12] = FALSE;将标志 12 置为 FALSE 以便下次使用
; =====================================
;机器人运动到 PWAIT 点
;FOLD PTP PWAIT CONT Vel =15 %  PDAT3 Tool[1]:toolxi Base[2]:WobjCNV;%
;{PE}% R8.3.38,% MKUKATPBASIS,% CMOVE,% VPTP,% P 1:PTP, 2:PWAIT, 3:C_
;DIS, 5:50, 7:PDAT3
 $BWDSTART = FALSE
PDAT_ACT = PPDAT3
FDAT_ACT = FPWAIT
BAS(#PTP_PARAMS,15)
PTP XPWAIT C_DIS
;ENDFOLD
;机器人运动到抓取准备点 PPICK_WAIT
XPPICK = XPPICK_BASE;抓取原点赋值(XPPICK_BASE 抓取原点,只用于示教的抓取原
;点不参与实际运动)
IF (ReadPos.X <130) AND (ReadPos.Y <130) THEN;判断抓取点 X 轴,Y 轴的大小,
;防止碰撞
    XPPICK.X = XPPICK.X + ReadPos.X; 抓取点 X 轴偏移计算
    XPPICK.Y = XPPICK.Y + ReadPos.Y; 抓取点 Y 轴偏移计算
ENDIF
XPPICK.Z = XPPICK.Z +15;抓取点 Z 轴偏移计算(增加 15mm 作为准备点)
XPPICK.A = XPPICK.A + ReadPos.A;抓取点旋转角度计算
; =====================================
;机器人直线运动到准备点
;FOLD LIN PPICK CONT Vel =0.2 m/s CPDAT1 Tool[1]:toolxi Base[2]:WobjC
;NV;% {PE}% R 8.3.38,% MKUKATPBASIS,% CMOVE,% VLIN,% P 1:LIN, 2:PPICK_
;BASE, 3:C_DIS C_DIS, 5:2, 7:CPDAT1
 $BWDSTART = FALSE
LDAT_ACT = LCPDAT1
FDAT_ACT = FPPICK_BASE
BAS(#CP_PARAMS,0.2)
LIN XPPICK C_DIS C_DIS
;ENDFOLD
; =====================================
XPPICK.Z = XPPICK.Z -15;抓取点 Z 轴减少 15mm
; =====================================
;机器人 0.1m/s 速度直线运动到抓取点
```

```
;FOLD LIN PPICK Vel = 0.1 m/s CPDAT1 Tool[1]:toolxi Base[2]:WobjCNV;%
;{PE}% R 8.3.38,% MKUKATPBASIS,% CMOVE,% VLIN,% P 1:LIN, 2:PPICK_BASE,
;3:,5:2,7:CPDAT1
 $BWDSTART = FALSE
LDAT_ACT = LCPDAT1
FDAT_ACT = FPPICK_BASE
BAS(#CP_PARAMS,0.1)
LIN XPPICK
;ENDFOLD

; =====================================
 $OUT[5] = TRUE;输出 5 信号置位,打开真空
WAIT FOR  $IN[6] == TRUE;等待真空检测信号为 TRUE
XPPICK.Z = XPPICK.Z +15;抓取点 Z 轴增加 15mm,作为退出点

; =====================================
;机器人 0.1m/s 速度直线运动抓取点正上方 15mm 处
;FOLD LIN PPICK CONT Vel = 0.1 m/s CPDAT1 Tool[1]:toolxi Base[2]:WobjC
;NV;% {PE}% R 8.3.38,% MKUKATPBASIS,% CMOVE,% VLIN,% P 1:LIN, 2:PPICK_
;BASE, 3:C_DIS C_DIS, 5:2, 7:CPDAT1
 $BWDSTART = FALSE
LDAT_ACT = LCPDAT1
FDAT_ACT = FPPICK_BASE
BAS(#CP_PARAMS,0.1)
LIN XPPICK C_DIS C_DIS
;ENDFOLD

; =====================================
; =====================================
机器人 15 % 速度 PTP 运动 PWAIT 点处
;FOLD PTP PWAIT Vel = 15 %  PDAT2 Tool[1]:toolxi Base[2]:WobjCNV;%
;{PE}% R8.3.38,% MKUKATPBASIS,% CMOVE,% VPTP,% P 1:PTP, 2:PWAIT, 3:, 5:
;100, 7:PDAT2
 $BWDSTART = FALSE
PDAT_ACT = PPDAT2
FDAT_ACT = FPWAIT
BAS(#PTP_PARAMS,15)
PTP XPWAIT
;ENDFOLD

; =====================================
WAIT SEC 0
```

```
; =======================================
;向上位机发送指令 Pick ** OK,抓取完成
RET = EKI_SetString("KRTMessage","Robot/String","Pick ** OK")
RET = EKI_Send("KRTMessage","Robot")
WAIT SEC 0


END
; 示教目标点局部子程序
DEF Teach()
; =======================================
; 示教目标点 PPICK_WAIT 在工件坐标系 WobjCNV
;FOLD PTP PPICK_WAIT CONT Vel = 10 %  PDAT1 Tool[1]:toolxi Base[2]:Wob
;jCNV;% {PE}% R8.3.38,% MKUKATPBASIS,% CMOVE,% VPTP,% P 1:PTP, 2:PPICK_
;WAIT, 3:C_DIS, 5:50, 7:PDAT1
$BWDSTART = FALSE
PDAT_ACT = PPDAT1
FDAT_ACT = FPPICK_WAIT
BAS(#PTP_PARAMS,10)
PTP XPPICK_WAIT C_DIS
;ENDFOLD
; =======================================
;示教目标点 PPICK_BASE 在工件坐标系 WobjCNV
;FOLD LIN PPICK_BASE Vel = 0.1 m/s CPDAT1 Tool[1]:toolxi Base[2]:WobjC
;NV;% {PE}% R 8.3.38,% MKUKATPBASIS,% CMOVE,% VLIN,% P 1:LIN, 2:PPICK_
;BASE, 3:, 5:2, 7:CPDAT1
$BWDSTART = FALSE
LDAT_ACT = LCPDAT1
FDAT_ACT = FPPICK_BASE
BAS(#CP_PARAMS,0.1)
LIN XPPICK_BASE
;ENDFOLD
; =======================================
END
GLOBAL DEFFCT BOOL CHECKSTRING(BUF1:IN,BUF2:IN,BUF2LEN:IN)
BOOL RT
INT j
CHAR BUF1[]
CHAR BUF2[]
```

```
INT BUF2LEN
RT = TRUE
FOR j = 1 TO BUF2LEN
    IF BUF1[j] < > BUF2[j] THEN
        RT = FALSE
    ENDIF
ENDFOR
    RETURN RT
ENDFCT
```

2）示教目标点

示教目标点如图 3 - 20 所示。

图 3 - 20 示教目标点 1

2. 插件全局子程序模块

1）程序讲解

```
&ACCESS RVO1
&REL 8
; ==================== 插件全局子程序 ====================
DEF plug_in( )
; =======================================
;初始化(本段程序是库卡自动生成的,不必细看)
```

```
;FOLD INI;%{PE}
  ;FOLD BASISTECH INI
    GLOBAL INTERRUPT DECL 3 WHEN $STOPMESS==TRUE DO IR_STOPM()
    INTERRUPT ON 3
    BAS(#INITMOV,0)
  ;ENDFOLD(BASISTECH INI)
  ;FOLD USER INI
    ;Make your modifications here
  ;ENDFOLD(USER INI)
;ENDFOLD(INI)
; =====================================
XPPLACE=XPPLACE_BASE2;视觉二次点赋值(XPPLACE_BASE2 视觉二次点,只用于示
;教的不参与实际运动)
XPPLACE.Z=XPPLACE.Z+30;Z 轴偏移计算(增加 30 mm)


; =====================================
;机器人以 0.2 m/s 速度直线运动到视觉二次检测点正上方 30 mm 处
;FOLD LIN PPLACE Vel=0.2 m/s CPDAT3 Tool[1]:toolxi Base[1]:Wob
;jBuffer;%{PE}% R 8.3.38,% MKUKATPBASIS,% CMOVE,% VLIN,% P 1:LIN,2:
;PPLACE_BASE2,3:,5:2,7:CPDAT3
$BWDSTART=FALSE
LDAT_ACT=LCPDAT3
FDAT_ACT=FPPLACE_BASE2
BAS(#CP_PARAMS,0.2)
LIN XPPLACE
;ENDFOLD
; =====================================
XPPLACE.Z=XPPLACE.Z-30
; =====================================
;机器人以 0.1 m/s 速度直线运动到视觉二次检测点处
;FOLD LIN PPLACE Vel=0.1 m/s CPDAT3 Tool[1]:toolxi Base[1]:Wob
;jBuffer;%{PE}% R 8.3.38,% MKUKATPBASIS,% CMOVE,% VLIN,% P 1:LIN,2:
;PPLACE_BASE2,3:,5:2,7:CPDAT3
$BWDSTART=FALSE
LDAT_ACT=LCPDAT3
FDAT_ACT=FPPLACE_BASE2
```

```
BAS(#CP_PARAMS,0.1)
LIN XPPLACE
;ENDFOLD
;FOLD WAIT Time = 1 sec;% {PE}% R 8.3.38,% MKUKATPBASIS,% CWAIT,%
;VWAIT,% P 3:1
WAIT SEC 1
;ENDFOLD
; =====================================
RET = EKI_SetString("KRTMessage","Robot/String","OffsData");请求上位
;机拍照和偏移量
RET = EKI_Send("KRTMessage","Robot")
WAIT for $flag[12];等待 EtherNet 通道有数据传来
RET = EKI_GetFRAME("KRTMessage","Sensor/Positions",ReadPos);将接收到
;的点位数据保存到 ReadPos 中
WAIT for $flag[12];等待接收完成
$flag[12] = FALSE;将标志 12 置为 FALSE 以便下次使用
XPPLACE.Z = XPPLACE.Z +30
; =====================================
;机器人以 0.2 m/s 速度直线运动到视觉二次检测点正上方 30 mm 处
;FOLD LIN PPLACE Vel = 0.2 m/s CPDAT3 Tool[1]:toolxi Base[1]:Wob
;jBuffer;% {PE}% R 8.3.38,% MKUKATPBASIS,% CMOVE,% VLIN,% P 1:LIN,2:
;PPLACE_BASE2,3:,5:2,7:CPDAT3
$BWDSTART = FALSE
LDAT_ACT = LCPDAT3
FDAT_ACT = FPPLACE_BASE2
BAS(#CP_PARAMS,0.2)
LIN XPPLACE
;ENDFOLD
XPPLACE = XPPLACE_BASE1
IF  (ReadPos.X <130)AND(ReadPos.Y <180) THEN
XPPLACE.X = ReadPos.X + XPPLACE.X
XPPLACE.Y = ReadPos.Y + XPPLACE.Y
ENDIF
XPPLACE.Z = XPPLACE.Z +30
; =====================================
;机器人以 0.2 m/s 速度直线运动到插件区放置点正上方 30 mm 处
```

```
;FOLD LIN PPLACE Vel = 0.2 m/s CPDAT2 Tool[1]:toolxi Base[1]:Wob
;jBuffer;%{PE}% R 8.3.38,% MKUKATPBASIS,% CMOVE,% VLIN,% P 1:LIN,2:
;PPLACE_BASE1,3:,5:2,7:CPDAT2
 $BWDSTART = FALSE
LDAT_ACT = LCPDAT2
FDAT_ACT = FPPLACE_BASE1
BAS(#CP_PARAMS,0.2)
LIN XPPLACE
;ENDFOLD
XPPLACE.Z = XPPLACE.Z - 30
; ======================================
;机器人以0.1 m/s速度直线运动到插件区放置点
; FOLD LIN PPLACE Vel = 0.1m/s CPDAT2 Tool[1]:toolxi Base[1]:Wob
;jBuffer;%{PE}% R 8.3.38,% MKUKATPBASIS,% CMOVE,% VLIN,% P 1:LIN,2:
;PPLACE_BASE1,3:,5:2,7:CPDAT2
 $BWDSTART = FALSE
LDAT_ACT = LCPDAT2
FDAT_ACT = FPPLACE_BASE1
BAS(#CP_PARAMS,0.1)
LIN XPPLACE
;ENDFOLD
;FOLD OUT 5 ″State = FALSE;%{PE}% R 8.3.38,% MKUKATPBASIS,% COUT,%
;VOUTX,% P 2:5,3:,5:FALSE,6:
 $OUT[5] = FALSE
;ENDFOLD
;FOLD WAIT Time = 1 sec
;%{PE}% R 8.3.38,% MKUKATPBASIS,% CWAIT,% VWAIT,% P 3:1
WAIT SEC 1
;ENDFOLD
; ======================================
XPPLACE.Z = XPPLACE.Z + 30
; ======================================
;机器人以0.2 m/s速度直线运动到插件区放置点正上方30 mm处
;FOLD LIN PPLACE Vel = 0.2 m/s CPDAT2 Tool[1]:toolxi Base[1]:Wob
;jBuffer;%{PE}% R 8.3.38,% MKUKATPBASIS,% CMOVE,% VLIN,% P 1:LIN,2:
;PPLACE_BASE1,3:,5:2,7:CPDAT2
 $BWDSTART = FALSE
LDAT_ACT = LCPDAT2
```

```
FDAT_ACT = FPPLACE_BASE1
BAS(#CP_PARAMS,0.2)
LIN XPPLACE
;ENDFOLD
; =====================================
END
;示教目标点局部子程序
DEF Teach()
; =====================================
;示教目标点 PPLACE_BASE1
;FOLD LIN PPLACE_BASE1 Vel = 0.1 m/s CPDAT2 Tool[1]:toolxi Base[1]:Wob
;jBuffer;% {PE}% R 8.3.38,% MKUKATPBASIS,% CMOVE,% VLIN,% P 1:LIN,2:
;PPLACE_BASE1,3:,5:2,7:CPDAT2
$BWDSTART = FALSE
LDAT_ACT = LCPDAT2
FDAT_ACT = FPPLACE_BASE1
BAS(#CP_PARAMS,0.1)
LIN XPPLACE_BASE1
;ENDFOLD
; =====================================
;示教目标点 PPLACE_BASE1
;FOLD LIN PPLACE_BASE2 Vel = 2 m/s CPDAT3 Tool[1]:toolxi Base[1]:Wob
;jBuffer;% {PE}% R 8.3.38,% MKUKATPBASIS,% CMOVE,% VLIN,% P 1:LIN,2:
;PPLACE_BASE2,3:,5:2,7:CPDAT3
$BWDSTART = FALSE
LDAT_ACT = LCPDAT3
FDAT_ACT = FPPLACE_BASE2
BAS(#CP_PARAMS,2)
LIN XPPLACE_BASE2
;ENDFOLD
END
```

2）目标点示教

插件任务中有两个点需要示教，即二次视觉检测点 PPLACE_BASE1 和放置原点 PPLACE_BASE2，如图 3-21 所示。

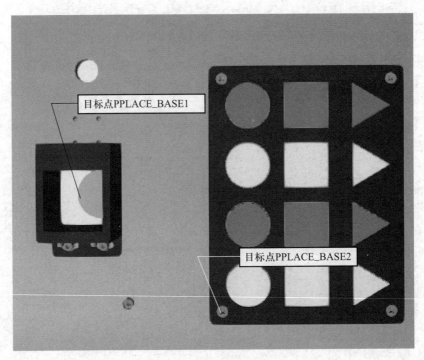

图 3-21　目标点示教 2

3. 分拣全局子程序模块

1）程序讲解

```
&ACCESS RV1
&REL 1
&PARAM DISKPATH = KRC:\R1\Program\KRT
; ==================== 分拣全局子程序 ====================
DEF Sorting()
; =======================================
;初始化(本段程序是库卡自动生成的,不必细看)
;FOLD INI;%{PE}
  ;FOLD BASISTECH INI
    GLOBAL INTERRUPT DECL 3 WHEN $STOPMESS == TRUE DO IR_STOPM()
    INTERRUPT ON 3
    BAS(#INITMOV,0)
  ;ENDFOLD (BASISTECH INI)
  ;FOLD USER INI
    ;Make your modifications here

  ;ENDFOLD (USER INI)
;ENDFOLD (INI)
```

```
RET = EKI_SetString("KRTMessage","Robot/String","Color *** ");向上位机
;请求物料的颜色
RET = EKI_Send("KRTMessage","Robot")
WAIT FOR $FLAG[12];等待 EtherNet 通道有数据传来
RET = EKI_GetString("KRTMessage","Sensor/Command",ReadCHAR[])
;将接收到的字符串数据保存到 ReadCHAR[]
WAIT FOR $FLAG[12];等待接收完成
$FLAG[12] = FALSE;将标志 12 置为 FALSE 以便下次使用


IF CHECKSTRING(ReadCHAR[], "Yellow ** ", 8) THEN;判断 ReadCHAR[]里的数据
;是否为"Yellow **",指令"Yellow **"Yellow ** 代表为黄色物料
XPPLACE = XPPLACE_BASE1;黄色物料放置原点赋值
FPPLACE = FPPLACE_BASE1;坐标系数据赋值
PLACE()
WAIT SEC 0
ENDIF


IF CHECKSTRING(ReadCHAR[], "Red ***** ", 8) THEN;判断 ReadCHAR[]里的数据
;是否为"Red *****",指令"Red *****"代表为红色物料
XPPLACE = XPPLACE_BASE2    ;红色物料放置原点
FPPLACE = FPPLACE_BASE2;坐标系数据赋值
PLACE()
WAIT SEC 0
ENDIF
END


DEF PLACE()
; =================== 分拣放置局部子程序 ===================
XPPLACE.Z = XPPLACE.Z +150
;FOLD LIN PPLACE CONT Vel = 0.2 m/s CPDAT2 Tool[1]:toolxi Base[0];%
;{PE}% R 8.3.38,% MKUKATPBASIS,% CMOVE,% VLIN,% P 1:LIN, 2:PPLACE, 3:C_
;DIS C_DIS, 5:0.5, 7:CPDAT2
$BWDSTART = FALSE
LDAT_ACT = LCPDAT2
FDAT_ACT = FPPLACE
BAS(#CP_PARAMS,0.1)
LIN XPPLACE C_DIS C_DIS
;ENDFOLD
```

```
XPPLACE.Z = XPPLACE.Z -150
;FOLD LIN PPLACE Vel = 0.1 m/s CPDAT1 Tool[1]:toolxi Base[0];% {PE}% R
;8.3.38,% MKUKATPBASIS,% CMOVE,% VLIN,% P 1:LIN, 2:PPLACE_BASE1, 3:, 5:
;2, 7:CPDAT2
 $BWDSTART = FALSE
LDAT_ACT = LCPDAT1
FDAT_ACT = FPPLACE
BAS(#CP_PARAMS,0.1)
LIN XPPLACE
;ENDFOLD
;FOLD OUT 5 "State = FALSE ;% {PE}% R 8.3.38,% MKUKATPBASIS,% COUT,%
;VOUTX,% P 2:5, 3:, 5:FALSE, 6:
 $OUT[5] = FALSE
;ENDFOLD
WAIT  SEC  1
XPPLACE.Z = XPPLACE.Z +150
;FOLD LIN PPLACE CONT Vel = 0.1 m/s CPDAT2 Tool[1]:toolxi Base[0];%
;{PE}% R 8.3.38,% MKUKATPBASIS,% CMOVE,% VLIN,% P 1:LIN, 2:PPLACE, 3:C_
;DIS C_DIS, 5:0.5, 7:CPDAT2
 $BWDSTART = FALSE
LDAT_ACT = LCPDAT2
FDAT_ACT = FPPLACE
BAS(#CP_PARAMS,0.1)
LIN XPPLACE C_DIS C_DIS
;ENDFOLD

END


; ==================== 目标点示教子程序 ====================
DEF Teach()
; ===================================
;目标点黄色物料放置原点
;FOLD LIN PPLACE_BASE1 Vel = 0.1 m/s CPDAT2 Tool[1]:toolxi Base[0];%
;{PE}% R 8.3.38,% MKUKATPBASIS,% CMOVE,% VLIN,% P 1: LIN, 2: PPLACE_
;BASE1, 3:, 5:2, 7:CPDAT2
 $BWDSTART = FALSE
LDAT_ACT = LCPDAT2
FDAT_ACT = FPPLACE_BASE1
```

```
BAS(#CP_PARAMS,0.1)
LIN XPPLACE_BASE1
;ENDFOLD
; ====================================
;目标点红色物料放置原点
;FOLD LIN PPLACE_BASE2 Vel=0.1 m/s CPDAT3 Tool[1]:toolxi Base[0];%
;｛PE｝% R 8.3.38,% MKUKATPBASIS,% CMOVE,% VLIN,% P 1:LIN, 2:PPLACE_
;BASE2, 3:, 5:2, 7:CPDAT3
$BWDSTART=FALSE
LDAT_ACT=LCPDAT3
FDAT_ACT=FPPLACE_BASE2
BAS(#CP_PARAMS,0.1)
LIN XPPLACE_BASE2
;ENDFOLD
END
```

2) 目标点示教

分拣任务中需要示教两个放置原点，分别位于分拣流水线1和2上，如图3－22所示。

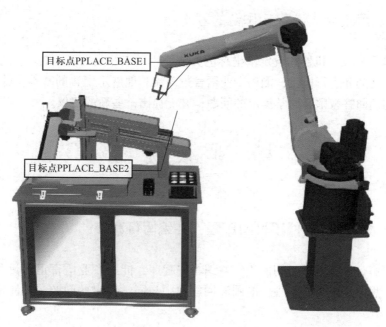

图3－22 示教目标点

3.5 考 核 评 价

考核任务 1 熟练使用 WorkVisual 配置输入/输出

要求：能熟练地使用 WorkVisual，认识软件的各个界面，通过软件能配置输入/输出并且能成功安装进机器人，能用专业语言正确流利地展示配置的基本步骤，思路清晰、有条理，能圆满回答教师与同学提出的问题，并能提出一些新的建议。

考核任务 2 用 *XYZ* 4 点法设定分拣插件项目中的吸盘工具

要求：熟悉 KUKA 机器人设定工具的各个方法，用 *XYZ* 4 点法设定分拣插件项目的吸盘工具并保证误差在理想范围内，并用手动操作的方法进行检验，能用专业语言正确流利地展示配置的基本步骤，思路清晰、有条理，能圆满回答教师与同学提出的问题，并能提出一些新的建议。

考核任务 3 用三点法设定工作台的基坐标

要求：熟悉 KUKA 机器人设定基坐标的方法，用 3 点法设定基坐标，用手动操作在设好的基坐标中运动并进行检验，能用专业语言正确流利地展示配置的基本步骤，思路清晰、有条理，能圆满回答教师与同学提出的问题，并能提出一些新的建议。

3.6 扩 展 提 高

扩展任务 了解分拣插件项目的流程，并编写好程序

要求：了解分拣插件项目的流程，并编写好程序，能用专业语言正确流利地展示配置的基本步骤，思路清晰、有条理，能圆满回答教师与同学提出的问题，并能提出一些新的建议。

项目 4

工业机器人系统集成与
典型应用——搬运码垛

项目 4 工业机器人
系统集成—搬运码垛

4.1 项目描述

本项目的主要学习内容包括：KUKA 搬运码垛机器人工作站主要组成单元、机器人 I/O 配置方法、搬运码垛机器人复杂程序数据赋值、KUKA 变量声明、KUKA 搬运码垛机器人外部自动运行、安全门安全围栏设定、KUKA 机器人中断程序、KUKA 搬运码垛机器人 Ethernet 通信等。

4.2 教学目的

通过搬运码垛机器人这一系统集成与典型应用，让学生了解并掌握 KUKA 搬运码垛机器人工作站的主要组成单元、机器人 I/O 配置方法、搬运码垛机器人物料放置位置的计算、机器人外部自动运行及安全门安全围栏的设定、KUKA 机器人中断程序的使用和 Ethernet 通信等内容，本项目中涉及的知识点非常多，学生可以按照本项目所讲的操作方法同步操作。

4.3 知识准备

4.3.1 KUKA 搬运码垛机器人工作站主要组成单元介绍

码垛，用很通俗的语言来说就是将物品整齐地堆放在一起，起初都是由人工进行，随着社会的发展，人已经慢慢地退出了这个舞台，取而代之的是机器人。机器人码垛的优势是显而易见的，从近期看，可能刚开始投入的成本比较高，但是从长期的角度来看，还是很不错的。就工作效率来说，机器人码垛不仅速度快、美观，而且可以不间断地工作，大大地提高了工作效率，人工码垛还存在很多危险性，机器人码垛则能效率和安全两手一起抓，且适用范围广。

KUKA 搬运码垛机器人工作站如图 4-1 所示。

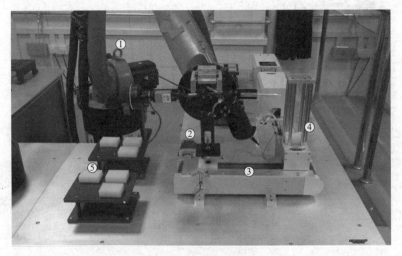

图 4-1　KUKA 搬运码垛机器人工作站

①—KUKA 工业机器人；②—KUKA 搬运码垛机器人夹具（吸盘）；③—KUKA 搬运码垛工作站流水线；

④—KUKA 搬运码垛工作站上料装置；⑤—KUKA 搬运码垛工作站托盘和物料。

4.3.2　KUKA 搬运码垛机器人 I/O 配置方法

1. 硬件线路的连接

KUKA 机器人 I/O 模块如图 4-2 所示。

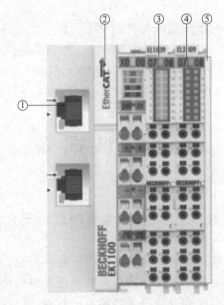

图 4-2　KUKA 机器人 I/O 模块

①—KEI 接口；②—EK1100 EtherCAT 总线耦合器 A30；③—EL1809 输入端子 A34；

④—EL1809 输出端子 A35；⑤—EL9011 总线末端端子模块。

　　本应用中总共需要用到 8 个输入端和 5 个输出端，其中 5 个输入端和 3 个输出端是用来做机器人外部运行的信号，另外 3 个输入端分别为流水线上物料检测的光电传感器、吸盘负压检测和推料汽缸伸出到位检测，另外两个输出端分别为搬运码垛吸盘控制和自动上料系统的推料控制。

　　I/O 硬件接线图如图 4 – 3、图 4 – 4 所示，I/O 点位可根据自己实际情况进行调整。输入/输出接线方式如图 4 – 5 所示，均为高电平有效。

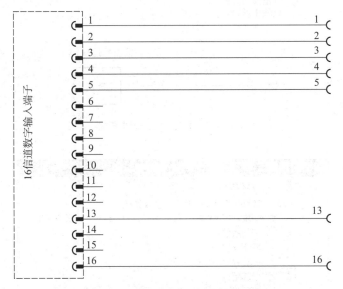

图 4 – 3　输入硬件接线（**EL1809**）

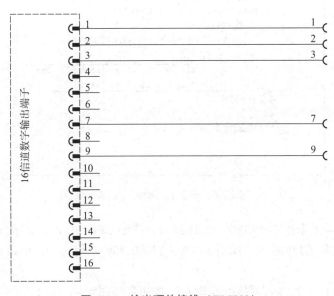

图 4 – 4　输出硬件接线（**EL2809**）

2. 使用 WorkVisual 配置输入/输出

　　首先打开 WorkVisual 软件，如图 4 – 6 所示，然后在设备中打开总线结构，可以查看到 EBus 下有 EL1809 和 EL2809，EL1809 提供 16 通道的数字输入，EL2809 提供 16 通道的数

① 输入接线方式

以输入端口1为例：

1 ○————————○ 接以24 V输出的传感器

② 输出接线方式

以输出端口1为例：

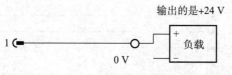

图4-5 输入/输出接线方式

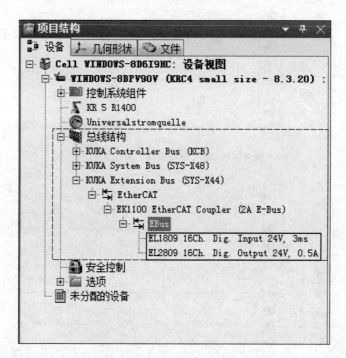

图4-6 添加 EL1809、EL2809

字输出。如果 EBus 下未找到 EL1809 和 EL2809，选中 EBus 并单击鼠标右键，即可在出现的快捷菜单中，选择 DTM 命令，找到 EL1809 和 EL2809 并单击 OK 按钮，添加到 EBus 下即可。

然后单击按钮栏中的"打开接线编辑器"按钮，如图4-7所示。

图4-7 打开接线编辑器

如图 4-8 所示，单击 A 区的数字输入/输出端，再单击 B 区的 EL1809/EL2809，就会出现 C 区（断开）和 D 区（连接），在 D 区内如有箭头为灰色的，就表示本组信号没有连接，选中本组信号单击鼠标右键，在弹出的快捷菜单中选择"连接"命令，成功连接后就会显示在 C 区。D 区左端 KRC 数字输入/输出端有 4096 个（[1]~[4096]），右端 EL1809/EL2809 数字输入/输出端有 16 个（Channel 1.~Channel 16.），根据实际要求，单击鼠标右键，将对应的输入端连接起来即可。

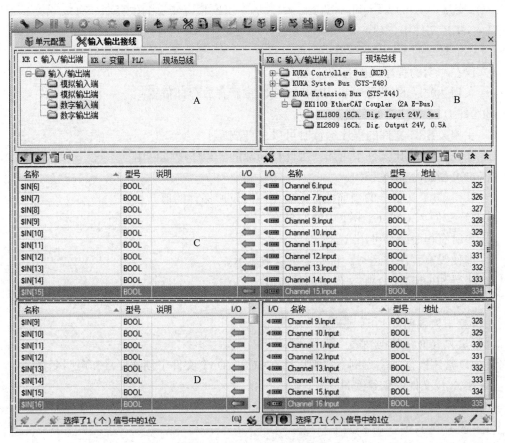

图 4-8　连接输入/输出信号

如图 4-9 所示，输入/输出都配置成功后，单击按钮栏上的"安装"按钮。安装完成后，KUKA 搬运码垛机器人 I/O 配置才算完成，可以通过仿真或强制 I/O 信号来检测配置是否正确。

图 4-9　单击"安装"按钮

4.3.3　KUKA 搬运码垛机器人变量的声明介绍

变量声明对于 KUKA 机器人编程而言是非常重要的，变量声明时要注意以下几点。

（1）在使用前必须总是先进行声明。

（2）每一个变量均划归一种数据类型。

（3）命名时要遵守命名规范。

（4）声明的关键词为 DECL。

（5）对 4 种简单数据类型关键词 DECL 可省略。

（6）用预进指针赋值。

（7）变量声明可以不同形式进行，因为从中得出相应变量的生存期和有效性。

①在 SCR 文件中创建的变量被称为运行时间变量。

a．不能被一直显示。

b．仅在声明的程序段中有效。

c．在到达程序的最后一行（END 行）时重新释放存储位置。

②局部 DAT 文件中的变量。

a．在相关 SRC 文件的程序运行时可以一直被显示。

b．在完整的 SCR 文件中可用，因此在局部的子程序中也可用。

c．也可创建为全局变量。

d．获得 DAT 文件中的当前值，重新调用时以所保存的值开始。

③系统文件 $CONFIG. DAT 中的变量。

a．在所有程序中都可用（全局）。

b．即使没有程序在运行，也始终可以被显示。

c．获得 $CONFIG. DAT 文件中的当前值。

（8）创建常量。

①常量用关键词 CONST 建立。

②常量只允许在数据列表中建立。

下面以常用数据类型为例，详细讲述在 SCR、DAT 文件中创建变量和声明变量。

a．在 SCR 文件中创建变量。

ⅰ．专家用户组。

ⅱ．使 DEF 行显示出来。

ⅲ．在编辑器中打开 SCR 文件。

ⅳ．声明变量。

```
DEF   TEST（）
DECL   INT   counter
DECL REAL   price
DECL   BOOL   finished
DECL CHAR create
INI
…
END
```

ⅴ．关闭并保存程序。

b．在 DAT 文件中创建变量。

ⅰ：专家用户组。

ⅱ：在编辑器中打开 DAT 文件。

ⅲ：声明变量。

DEFDAT TEST

EXTERNAL DECLARATIONS

DECL INT   counter

DECL   REAL   price

DECL   BOOL   finished

DECL   CHAR   create

…

ENDDAT

关闭并保存数据列表。

4.3.4　KUKA 搬运码垛机器人程序数据赋值

根据具体任务，可以以不同方式在程序进程（SRC 文件）中改变变量值。以下介绍最常用的方法。

1. 基本运算类型

a.（＋）加法。

b.（－）减法。

c.（＊）乘法。

d.（/）除法。

数学运算结果（＋；－；＊），运算对象为 INT 和 REAL。

; 声明

DECL INT D，E

DECL REAL U，V

; 初始化

D = 2

E = 5

U = 0. 5

V = 10. 6

; 指令部分（数据操纵）

D = D * E；D = 2 * 5 = 10

E = E + V；E = 5 + 10. 6 = 15. 6 -> 四舍五入为 E = 16

U = U * V；U = 0. 5 * 10. 6 = 5. 3

V = E + V；V = 16 + 10. 6 = 26. 6

数学运算结果（/）：使用整数值运算时的特点：纯整数运算的中间结果会去掉所有小数位；给整数变量赋值时会根据一般计算规则对结果进行四舍五入。

; 声明

DECL INT F

DECL REAL W

；初始化

F = 10

W = 10. 0

；指令部分（数据操纵）

；INT/INT –> INT

F = F/2；F = 5

F = 10/4；F = 2（10/4 = 2. 5 –>省去小数点后面的尾数）

；REAL/INT –> REAL

F = W/4；F = 3（10. 0/4 = 2. 5 –>四舍五入为整数）

W = W/4；W = 2. 5

2. 比较运算

a.（ == ）相同/等于。

b.（ < > ）不同/不等于。

c.（ > ）大于。

d.（ < ）小于。

e.（ >= ）大于或等于。

f.（ <= ）小于或等于。

通过比较运算可以构成逻辑表达式。比较结果始终是 BOOL 数据类型，如表 4 – 1 所示。

表 4 – 1　比较运算说明

运算符	说明	允许的数据类型
==	等于	INT、REAL、CHAR、BOOL
< >	不等于	INT、REAL、CHAR、BOOL
>	大于	INT、REAL、CHAR
<	小于	INT、REAL、CHAR
>=	大于或等于	INT、REAL、CHAR
<=	小于或等于	INT、REAL、CHAR

；声明

DECL BOOL G，H

；初始化/指令部分

G = 10 > 10. 1；G = FALSE

H = 10/3 == 3；H = TRUE

G = G < > H；G = TRUE

3. 逻辑运算

a：（NOT）逻辑"与"。

b：（OR）逻辑"或"。

c：（EXOR）逻辑"异或"。

通过逻辑运算可以构成逻辑表达式。这种运算的结果始终是 BOOL 数据类型，如表 4 - 2 所示。

表 4 - 2 逻辑运算说明

运算	NOT A	A AND B	A OR B	A EXOR B	
A = TRUE	B = TRUE	FALSE	TRUE	TRUE	FALSE
A = TRUE	B = FALSE	FALSE	FALSE	TRUE	TRUE
A = FALSE	B = TRUE	TRUE	FALSE	TRUE	TRUE
A = FALSE	B = FALSE	TRUE	FALSE	FALSE	FALSE

; 声明

DECL BOOL K，L，M

; 初始化/指令部分

K = TRUE

L = NOT K；L = FLASE

M =（K AND L）OR（K EXOR L）；M = TRUE

L = NOT（NOT K）；L = TRUE

运算将根据其优先级顺序进行，如表 4 - 3 所示。

表 4 - 3 运算优先级

优先级	运算符
1	NOT（B_NOT）
2	乘（＊），除（/）
3	加（＋），减（－）
4	AND（B_AND）
5	EXOR（B_EXOR）
6	OR（B_OR）
7	各种比较（＝＝；＜＞;...）

4.3.5 KUKA 搬运码垛机器人外部自动运行介绍

1. KUKA 机器人配置步骤

在主菜单中选择"配置"→"输入/输出端"→"外部自动运行"运行，如图 4 - 10

所示、图 4 – 11 及表 4 – 4 所示。

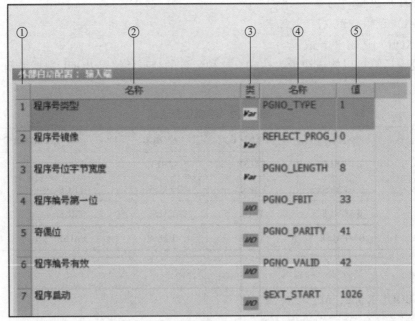

图 4 – 10　外部自动运行（系统）的输入端

图 4 – 11　外部自动运行（系统）的输出端

表 4 – 4　外部自动运行说明

序　号	说　　明
①	编号

续表

序号	说　明
②	状态 灰色：未激活（FALSE） 红色：激活（TRUE）
③	输入/输出端的长文本名称
④	类型 绿色：输入/输出端 黄色；变量或系统变量（$...）
⑤	信号或变量的名称
⑥	输入/输出端编号或信道编号

表4-5为配置KUKA机器人外部自动运行的输入/输出接口（配置应根据实际要求而定）。

表4-5　配置参数

信号	名　称	说　明	设定值
输入端	PGNO_TYPE	程序号类型	3
输入端	PGNO_LENGTH	程序号长度	1
输入端	PGNO_FBIT	程序号第一位	1
输入端	PGNO_VALID	程序编号有效	2
输入端	$EXT_START	程序启动	1
输入端	$MOVE_ENABLE	运行开通	2
输入端	$CONF_MESS	错误确认	3
输入端	$DRIVES_OFF	驱动器关闭	4
输入端	$DRIVES_ON	驱动装置接通	5
输出端	$PERI_RDY	驱动装置处于待机状态	1
输出端	$STOPMESS	集合故障	2
输出端	$EXT	外部自动运行	3

2. PLC 控制步骤

步骤1：在T1模式下把用户程序按控制要求插入cell. src中，选定cell. src程序，把机器人运行模式切换到EXT_AUTO。

步骤2：在机器人系统没有报错的条件下，PLC一上电就要给机器人置位$MOVE_ENABLE信号。

步骤 3：PLC 置位 $MOVE_ENABLE 信号 500ms 后再给机器人置位 $DRIVES_OFF 信号。

步骤 4：PLC 给完 $DRIVES_OFF 信号 500ms 后再给机器人置位 $DRIVES_ON 信号。当机器人接到 $DRIVES_ON 后发出信号 $PERI_RDY 给 PLC，当 PLC 接到这个信号后要把 $DRIVES_ON 断开。

步骤 5：PLC 发给机器人 $EXT_START（脉冲信号）就可以启动机器人。

外部停止机器人和停止后启动机器人。

停止机器人：给机器人 $DRIVES_OFF 信号，这种停止是断掉机器人伺服。停止后继续启动机器人：重复步骤 3~5 就可以启动机器人。

机器人故障复位方法如下

当机器人有"集合故障"时，PLC 发给机器人 $CONF_MESS 信号（脉冲信号）就可以复位。

4.3.6 KUKA 搬运码垛机器人安全门设定

安全门可与机器人通信，完全自动模式开闭，保护工作人员与机器。当安全门打开时，机器人及相关设备停止工作，防止无关人员误闯，保护人身安全。

这里通过安全接口 X11 连接好安全门、外部急停等安全装置。

"操作人员防护装置"信号用于锁闭隔离性防护装置，如防护门，没有此信号，就无法使用自动运行方式。如果在自动运行期间出现信号缺失的情况，如防护门被打开，则机械手将安全停机。在手动慢速运行方式（T1）和手动快速运行方式（T2）下，操作人员防护装置未被激活。机器人 X11 安全（部分）接口如图 4-12 所示。

X11 安全接口详细介绍如表 4-6 所示。

表 4-6　端口详细介绍

信号	针脚	说明	备注
测试输入端 A	1/3/5/7/ 18/20/22	向信道 A 的每个接口输入端供应脉冲电压	
测试输入端 B	10/12/14/16/ 28/30/32	向信道 B 的每个接口输入端供应脉冲电压	
信道 A 外部 紧急停止	2	紧急停止，双信道输入端，最大 24 V	在机器人控制系统中触发紧急停止功能
信道 B 外部 紧急停止	11		
操作人员防护 装置信道 A	4	用于防护门闭锁装置的双信道连接，最大 24 V	只要该信号处于接通状态就可以驱动装置，仅在自动模式下有效
操作人员防护 装置信道 B	13		

续表

信号	针脚	说明	备注
确认操作人员防护装置信道 A	6	用于连接带无电势触电的确认操作人员防护装置的双信道输入端	可通过 KUKA 系统软件配置确认操作人员防护装置输入端的行为。 在关闭安全门（操作人员防护装置）后，可在自动运行方式下在安全门外面单击"确定"按钮接通机械手的运行
确认操作人员防护装置信道 B	15		

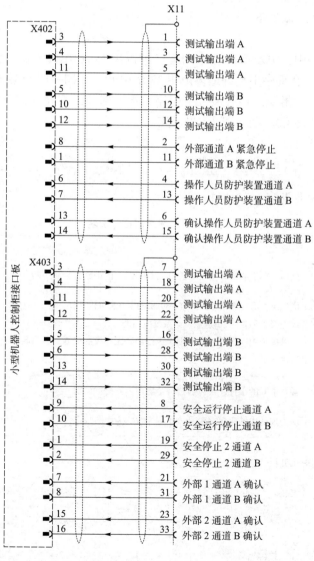

图 4 - 12　X11 安全接口

4.3.7 KUKA 搬运码垛机器人中断程序应用

在机器人程序执行过程中，如果出现需要紧急处理的情况，机器人就会中断当前的执行，程序指针马上跳转到专门的程序中对紧急情况进行相应的处理，处理结束后程序指针返回到原来被中断的地方，继续往下执行程序，这种专门用来处理紧急情况的专门程序，称为中断程序。中断程序通常可以由以下条件触发。

(1) 一个外部输入信号突然变为 0 或 1。

(2) 一个设定的时间到达后。

(3) 机器人到达某一指定位置。

(4) 当机器人发生某一个错误时。

中断使用的具体步骤如下。

1. 中断声明

在机器人的程序中，中断事件和中断程序可以用 INTERRUPT... DECL... WHEN... DO... 来定义声明，在程序中允许最多声明 32 个中断，在同一时间最多允许有 16 个中断激活。中断声明是一个指令，它必须位于程序的指令部分，不允许位于声明部分。声明后先取消中断，然后才能对定义的时间作出反应。

中断声明的句法：

```
<GLOBAL> INTERRUPT DECL Prio WHEN 事件 DO 中断程序
```

中断声明指令说明见表 4-7。

表 4-7 中断声明指令说明

参数	说明
<GLOBAL>	全局：在声明的开头写有关键词 GLOBAL 的中断为全局中断
Prio	优先级：有优先级 1，2，4~39 和 81~128 可供选择 优先级 3 和 40~80 是预留给系统应用的 如果多个中断同时出现，则先执行最高优先级的中断，然后再执行优先级低的中断（1 为最高优先级）
事件	触发中断的事件，可以通过一个脉冲上升沿被识别
中断程序	应处理的中断程序名称，该子程序被称为中断程序

实例 4-1：中断声明。

```
INTERRUPT DECL 20 WHEN $IN[1] == TRUE DO INTERRUPT_PROG()
;非全局中断
;优先级:20
;事件:输入端1的上升沿
;中断程序:INTERRUPT_PROG()
```

2. 启动/关闭/禁止/开通中断

对中断进行了声明后必须接着将其激活，用指令 INTERRUPT... 可激活一个中断、取消一个中断、禁止一个中断、开通（使能）一个中断。

中断句法如下：

```
INTERRUPT 操作 <编号>
```

中断指令说明见表 4 – 8。

表 4 – 8　中断指令说明

参数	说　明
操作	ON：激活一个中断。 OFF：取消激活一个中断。 DISABLE：禁止一个中断。 ENABLE：开通（使能）一个原本禁止的中断
编号	对应执行操作的中断程序的编号（也就是优先级）； 编号可以省去：在这种情况下，ON 或 OFF 针对所有声明的中断，DISABLE 或 ENABLE 所有激活的中断

实例 4 – 2：启动/关闭/禁止/开通中断。

```
INTERRUPT DECL 20 WHEN $IN[1] == TRUE DO INTERRUPT_PROG();中断声明
...
INTERRUPT ON 20    ;中断被识别并被立即执行
...
INTERRUPT DISABLE 20    ;中断被禁止
...
INTERRUPT ENABLE 20    ;激活禁止的中断
...
INTERRUPT OFF 20    ;中断已关闭
```

3. 定义并建立中断程序

对中断进行了声明和激活之后，机器人就可以执行对应的中断程序了。那么可以建立一个相对应的中断程序，在机器人运动过程中可以触发中断。

```
DEF MY_PROG()
INI
INTERRUPT  DECL  20  WHEN  $IN[1] == TRUE  DO  ERROR();中断声明
INTERRUPT  ON  20  ;激活中断
PTP  HOME  Vel =100%  DEFAULT
PTP  P1  Vel =100%  PDAT1
PTP  P2  Vel =100%  PDAT2
```

```
PTP  HOME  Vel =100%   DEFAULT
INTERRUPT  OFF  25   ;关闭中断
END
DEF  ERROR();中断程序
    $OUT[2] = FALSE;将输出端 2 置 0
    $OUT[3] = TRUE;将输出端 3 置 1
END
```

4.3.8　KUKA 搬运码垛机器人 Ethernet 通信介绍

EthernetKRL 是一种附加的技术方案，具有以下功能。

（1）具有 EthernetKRL 数据交换接口。

（2）可接收来自外部系统的 XML 数据。

（3）可发送 XML 数据到外部系统。

（4）可接收来自外部系统的二进制数据。

（5）可发送二进制数据到外部系统。

EthernetKRL 的特点如下。

（1）机器人控制器和外部系统作为客户机或服务器。

（2）通过基于 XML 的配置文件配置连接。

（3）配置"事件消息"。

（4）通过 PING 方式监控外部系统的连接。

（5）从提交解释器读取和写入数据。

（6）从机器人解释器中读取和写入数据。

既可以通过 TCP/IP 传输数据，也可以通过 UDP/IP（不推荐）传输数据。

通信的时间取决于操作编程和发送的数据量。

以太网连接是通过一个 XML 配置文件，在目录中的每个连接都必须定义一个配置文件，文件路径为 C:\KRC\ROBOTER\Config\User\Common\EthernetKRL。以太网连接可以由机器人解释器或提交解释器来创建和操作。一个连接的删除可以链接到机器人解释器，并提交解释操作或系统操作。

必须通过机器人控制器上的 KLI 来建立以太网连接和数据交换。

注意：XML 文件是区分大小写的。

XML 文件的名称也是 KRL 访问密钥。

```
< ETHERNETKRL >
    < CONFIGURATION >
        < EXTERNAL >
        < TYPE > Server < /TYPE >
            < IP >172.31.1.100 < /IP >
```

```
            < PORT >59152 < /PORT >
            < TIMEOUT Connect = "60000"/>
    < /EXTERNAL >
    < INTERNAL >
            < IP >172.31.1.147 < /IP >
            < PORT >54600 < /PORT >
            < PORTOCOL >TCP < /PORTOCOL >
            < TIMEOUT Connect = "60000"/>
        < ALIVE Set_Flag = "120"/>
    < /INTERNAL >
< /CONFIGURATION >
< RECEIVE >
    < XML >
        < ELEMENT Tag = "Sensor/Position"Type = "REAL"/>
        < ELEMENT Tag = "Sensor/Position/XYZABC"Type = "FRAME"/>
        < ELEMENT Tag = "Sensor/Command"Type = "String"/>
        < ELEMENT Tag = "Sensor"Set_Flag = "12"/>
    < /XML >
< /RECEIVE >
< SEND >
    < XML >
        < ELEMENT Tag = "Robot/String"/>
    < /XML >
    < /SEND >
< /ETHERNETKRL >
```

XML 文件格式说明见表 4 - 9。

表 4 - 9　XML 文件格式说明

节	说　　明
< CONFIGURATION > … < /CONFIGURATION >	配置外部系统之间的连接参数和一个接口，连接属性的 XML 结构如表 4 - 10 所示
< INTERNAL > … < /INTERNAL >	接口的设置，如表 4 - 11 所示

节	说　明
< RECEIVE > … </RECEIVE >	机器人控制器接收的结构配置，该配置取决于是否接收 XML 数据或二进制数据，数据接收的 XML 结构如表 4 - 12 所示
< SEND > … </SEND >	机器人控制器发送的传输结构的配置，如表 4 - 13 所示

表 4 - 10　连接属性的 XML 结构

组　成	说　明
TYPE	定义外部系统是否作为一个服务器或客户端的接口（可选） 服务器：外部系统是一个服务器 客户端：外部系统是一个客户端 默认值：服务器
IP	外部系统的 IP 地址，如果它被定义为一个服务器（类型 = 服务器）
PORT	外部系统的端口号，如果它被定义为一个服务器（类型 = 服务器） 1 ~ 65534 如果类型为客户端忽略端口号

表 4 - 11　接口设置

组成	属性	说　明
BUFFERING	Mode	用于处理所有数据存储器的方法（可选） FIFO：先入先出 LIFO：后入先出
	Limit	可以存储在数据存储器中的数据元素的最大数量（可选） 1 ~ 512 默认值：16
BUFFSIZE	Limit	接收最大字节数（可选） 1 ~ 65 534 B
TIMEOUT	Connect	连接超时时间，单位为 ms 0 ~ 65 534 默认值：2 000

续表

组成	属性	说　　明
ALIVE	Set_Out	设置一个输出或一个成功连接的标志（可选） 输出数： 1 ~ 4096
	Set_Flag	标志数： 1 ~ 1025
	Ping	发送一个 Ping 的间隔，以监视与外部系统的连接（可选） 1 ~ 65 534 s
IP		EKI 的 IP 地址，如果它被定义为一个服务器（外部/类型 = 客户端）
PORT		EKI 的端口号，如果它被定义为一个服务器（外部/类型 = 客户端）
PORTOCOL		传输协议（可选） TCP UDP 默认值：TCP

表 4 – 12　数据接收的 XML 结构

属性	说　　明
Tag	元素名称 在这里定义数据接收 XML 结构
Type	元素的数据类型：STRING、REAL、INT、BOOL、FRAME
Set_Out	接收到元素后设置一个输出或标志（可选） 输出数：1 ~ 4096
Set_Flag	标志数：1 ~ 1025
Mode	处理数据存储器的数据记录的方法 FIFO：先入先出 LIFO：后入先出

表 4 – 13　数据传输的 XML 结构

属　性	说　　明
Tag	元素名称 在这里定义数据传输的 XML 结构

Ethernetkrl 提供机器人控制器和外部系统之间的数据交换功能，如表 4 – 14 至表 4 – 19 所示。

表 4 – 14　连接指令

初始化，打开，关闭和清除连接
EKI_STATUS = EKI_Init（CHAR []）
EKI_STATUS = EKI_Open（CHAR []）
EKI_STATUS = EKI_Close（CHAR []）
EKI_STATUS = EKI_Clear（CHAR []）

表 4 – 15　数据发送

发送数据
EKI_STATUS = EKI_Send（CHAR []，CHAR []）

表 4 – 16　写数据

写数据
EKI_STATUS = EKI_SetReal（CHAR []，CHAR []，REAL）
EKI_STATUS = EKI_SetInt（CHAR []，CHAR []，INTEGER）
EKI_STATUS = EKI_SetBool（CHAR []，CHAR []，BOOL）
EKI_STATUS = EKI_SetFrame（CHAR []，CHAR []，FRAME）
EKI_STATUS = EKI_SetString（CHAR []，CHAR []，CHAR []）

表 4 – 17　读数据

读数据
EKI_STATUS = EKI_GetBool（CHAR []，CHAR []，BOOL）
EKI_STATUS = EKI_GetBoolArray（CHAR []，CHAR []，BOOL []）
EKI_STATUS = EKI_GetInt（CHAR []，CHAR []，Int）
EKI_STATUS = EKI_GetIntArray（CHAR []，CHAR []，Int []）
EKI_STATUS = EKI_GetReal（CHAR []，CHAR []，Real）
EKI_STATUS = EKI_GetRealArray（CHAR []，CHAR []，Real []）
EKI_STATUS = EKI_GetString（CHAR []，CHAR []，CHAR []）
EKI_STATUS = EKI_GetFrame（CHAR []，CHAR []，FRAME）
EKI_STATUS = EKI_GetFrameArray（CHAR []，CHAR []，FRAME []）

表 4 – 18　错误检测

检查错误的功能
EKI_CHECK（EKI_STATUS，EKrlMsgType，CHAR []）

表 4 – 19　内存指令

清除，锁定，解锁和检查一个内存
EKI_STATUS = EKI_ClearBuffer（CHAR []，CHAR []）
EKI_STATUS = EKI_Lock（CHAR []）
EKI_STATUS = EKI_Unlock（CHAR []）
EKI_STATUS = EKI_CheckBuffer（CHAR []，CHAR []）

4.4　任务实现

任务 1　搬运码垛项目创建工具和载荷数据

如图 4 – 13 所示，机器人控制系统通过测量工具（工具坐标系）识别工具顶尖（TCP）相对于法兰中心点的位置，TCP 的测量有两种途径，一种是找个固定的参考点进行示教，另一种则是已知工具的各参数，就可以得到相对于法兰中心点的 X、Y、Z 的偏移量，相对于法兰坐标系转角（角度 A、B、C），同样也能得出精确的 TCP。

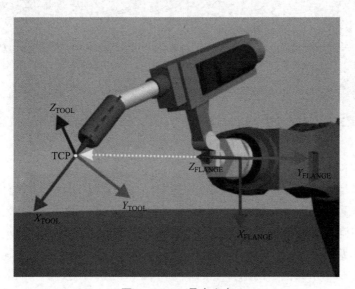

图 4 – 13　工具中心点

通过一个固定参考点的工具坐标系的测量分为两步：首先确定工具坐标系的 TCP 点；然后确定工具坐标系的姿态，如表 4 – 20 所示。

表 4 – 20　TCP 的测量的步骤

步骤	说　　明
1	确定工具坐标系的 TCP 点，可选择以下方法： *XYZ* 4 点法 *XYZ* 参照法
2	确定工具坐标系的姿态，可选择以下方法： *ABC* 2 点法 *ABC* 世界坐标系法

1. TCP 点的测量——*XYZ* 4 点法

XYZ 4 点法的原理：将待测工具的 TCP 从 4 个不同方向移向任意选择的一个参考点，机器人系统将从不同的法兰位置值计算出 TCP，本任务中需要设置吸嘴的 TCP。建立一个新的工具数据［1］Toolxi，如图 4 – 14 所示。

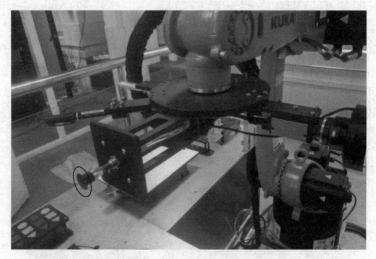

图 4 – 14　机器人吸嘴

操作步骤如下。

（1）在主菜单中选择"投入运行"→"测量"→"工具"→"*XYZ* 4 点"选项。

（2）为待测量的工具（TCP 吸嘴）分配一个号码（如 1）和一个名称（如 Toolxi）。单击"继续"按钮确认。

（3）用 TCP 移至任意一个参照点。单击"测量"按钮。单击"是"按钮回答安全询问。

（4）用 TCP 从一个其他方向朝参照点移动。单击"测量"按钮。单击"是"按钮回答安全询问。

（5）把第（4）步重复两次。

（6）输入负载数据（如果要单独输入负载数据，则可以跳过该步骤）。

（7）单击"继续"按钮确认。

（8）在需要时，可以让测量点的坐标和姿态以增量和角度显示（以法兰坐标系为基准）。为此按下测量点。然后通过"退回"返回到上一个视图。

（9）或者单击"保存"按钮，然后关闭窗口。

或者单击 *ABC* 2 点法或 *ABC* 世界坐标系法。Toolxi 方向与机器人世界坐标系方向一致。迄今为止的所有数据都被自动保存，并且一个可以在其中输入工具坐标系姿态的窗口自动打开。

使用示教器移动机器人将待测量工具的 TCP 从 4 个不同方向移向一个参照点。参照点可以任意选择。机器人控制系统从不同的法兰位置值中计算出 TCP，如图 4 – 15 所示。

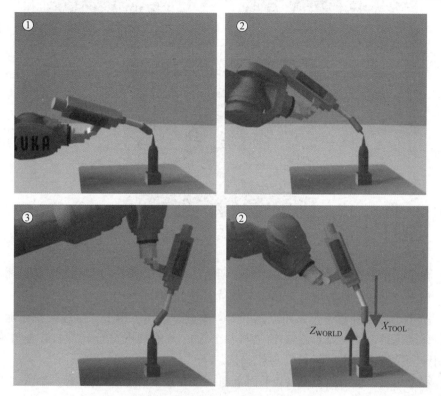

图 4 – 15　工具坐标测定方法

全部修改完成后单击"确定"按钮，就可以查看计算出的误差（如没有问题，单击"确定"按钮，反之单击"取消"按钮重新示教点位）。

修改工具重量 mass（2 kg），工具坐标创建成功。

2. 工具方向确定 *ABC* 2 点法

ABC 2 点法是指通过趋近 *X* 轴上一个点和 *XY* 平面上一个点的方法，机器人控制系统即可得知工具坐标系的各轴。当轴方向必须特别精确地确定时，将使用此方法，如图 4 – 16 所示。

其具体操作步骤如下。

如果不是通过主菜单调出操作步骤，而是在 TCP 测量后通过 *ABC* 2 单击按钮调出，则可省略下列的两个步骤。

（1）前提条件是，TCP 已通过 *XYZ* 法测定。

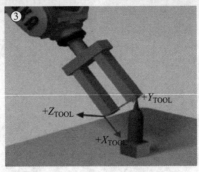

图 4–16   *ABC* 2 点法

（2）在主菜单中选择"投入运行"→"测量"→"工具"→"*ABC* 2 点"选项。

（3）输入已安装工具的编号。单击"继续"按钮确认。

（4）用 TCP 移至任意一个参照点。单击"测量"按钮。单击"继续"按钮确认。

（5）移动工具，使参照点在 *X* 轴上与一个为负 *X* 值的点重合（即与作业方向相反）。单击"测量"按钮。单击"继续"按钮确认。

（6）移动工具，使参照点在 *XY* 平面上与一个在正 *Y* 向上的点重合。单击"测量"按钮。单击"继续"按钮确认，最后工具的方向在工作时与基坐标方向一致。

（7）单击"保存"按钮，数据被保存，关闭窗口。

任务 2   搬运码垛项目创建工件坐标系数据

基坐标系是根据世界坐标系在机器人周围的某一个位置上创建的坐标系，其目的是使机器人运动的已编程设定的位置均以该坐标系为参照。因此，设定的工件支座和抽屉的边缘、货盘或机器的边缘均可作为测量基准坐标系中合理的参考点。

基坐标系测量的方法有 3 点法、间接法、数字输入法这 3 种，这里用 3 点法测量基坐标系。

3 点法的具体操作步骤如下。

（1）在主菜单中选择"投入运行"→"测量"→"基坐标系"→"3 点"选项。

（2）为基坐标系分配一个号码（如 1）和一个名称（如 Stack_BASE）。单击"继续"

按钮确认。

（3）输入需用其 TCP 测量基坐标的工具的编号（如 1）。单击"继续"按钮确认。

（4）用 TCP 移到新基坐标系的原点。单击"测量"按钮并单击"是"按钮确认位置，如图 4 - 17 所示。

图 4 - 17　第一个点：原点

（5）将 TCP 移至新基坐标系正向 X 轴上的一个点。单击"测量"按钮并单击"是"按钮确认位置，如图 4 - 18 所示。

图 4 - 18　第二个点：X 向

（6）将 TCP 移至 XY 平面上一个带有正 Y 值的点。单击"测量"按钮并单击"是"按钮确认位置，如图 4 - 19 所示。

（7）单击"保存"按钮。

（8）关闭窗口。

对应多功能工作站如图 4 - 20 所示，均以螺丝孔位为参考，红为 X、绿为 Y、蓝为 Z，箭头所指方向为对应的坐标轴的正方向。

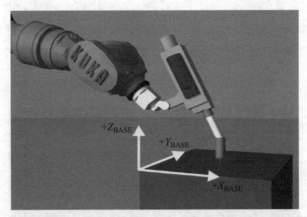

图 4 – 19 第三个点: XY 平面

图 4 – 20 托盘基坐标设定

任务 3 搬运码垛项目程序

1. 搬运码垛项目思路分析

KUKA 搬运码垛机器人工作站如图 4 – 21 所示，工作流程为：当机器人接收到上位机发出的码垛指令后，上位机启动流水线，此时推料汽缸动作将料块推出，自动上料，当物料被传送到抓取区后，安装在流水线上的光电传感器触发机器人中断程序，向上位机发送停止流水线的指令，同时机器人吸取物料并依次将 1 号、2 号物料区摆放完整，循环 8 次后，物料区全部摆满，机器人回到原位等待就绪。

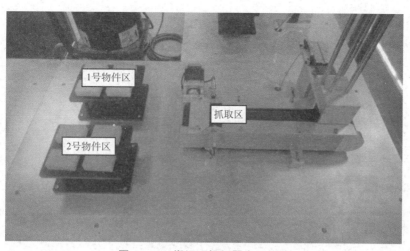

图 4 – 21 搬运码垛机器人工作站

2. 搬运码垛项目程序讲解

```
DEF stack()
;搬运码垛主程序
INT C_COUNT
BOOL_LAND_R
;1 号、2 号摆放布尔量
DECL E6 POS PAROUND
DECL E6 POS PPLACE
;位置型变量,用于偏移位置。
INI

C_COUNT = 0
L_AND_R = FALSE
$flag[12] = FALSE
;计数值、放置标志位和接收数据标志位初始化
INTERRUPT DECL 2 WHEN   $IN[12] == TRUE DO INTERRUPT1()
;定义中断事件
INTERRUPT ON 2
;开启中断
RET = EKI_SetString("KRTMessage","Robot/String","Startlin")
;准备发送"Startlin"至上位机
RET = EKI_Send("KRTMessage","Robot")
;发送数据
WAIT for $FLAG[12]
    ;等待上位机回复
```

```
RET = EKI_GetString("KRTMessage","Sensor/Command",MyChar[])
;接收上位机数据,并保存在 MyChar[]中,MyChar[]为全局变量
IF CHECKSTRING(MyChar[],"Yes ***** ",8)THEN
;如果上位机回复的数据为"Yes ***** "
  WHILE C_COUNT < 8
;计数值小于 8
     C_PICK()
;调用抓取程序子程序
     C_Calculate()
;调用位置计算子程序
     C_PLACE()
;调用放置程序
  ENDWHILE
     C_COUNT = 0
;计数值复位
PTP HOME Vel = 15% DEFAULT
;回原点
WAIT SEC 0.02
;等待 0.02 s
  RET = EKI_SetString("KRTMessage","Robot/String","Start * OK")
;向上位机发送"Start * OK"
  RET = EKI_Send("KRTMessage","Robot")
;发送数据
ENDIF
INTERRUPT OFF 2
;关闭中断
END


DEF C_PICK()
;抓取子程序
 $OUT[7] = TRUE
WAIT FOR  ($IN[13])
 $OUT[7] = FALSE
;控制推料气缸动作
PAROUND = XPLIN_BASE
;抓取基准点赋值
PAROUND.Z = XPLIN_BASE.Z + 120
;抓取点上方 120 mm 赋值给位置变量 PAROUND
```

```
PTP PAROUND CONT Vel =15% PDAT6 Tool[1]:Toolxi Base[1]:Stack_BASE
;先移动到抓取点上方
WAIT FOR  ($IN[12])
;等待物料到达
LIN PLIN_BASE Vel =0.05 m/s CPDAT3 Tool[1]:Toolxi Base[1]:Stack_BASE
;移动至抓取点
WAIT SEC 0.2
 $OUT[9] =TRUE
;打开吸盘
WAIT FOR  ($IN[16])
;等待真空反馈信号
C_COUNT =C_COUNT +1
;计数值加1
L_AND_R =NOT L_AND_R
;摆放位置标志取反,1、2号码盘依次摆放

PAROUND =XPLIN_BASE
PAROUND.Z =XPLIN_BASE.Z +120
LIN PAROUND CONT Vel = 0.1 m/s CPDAT8 Tool[1]:Toolxi Base[1]:Stack
_BASE
;移至抓取点上方120 mm
WAIT SEC 0.02
IF C_COUNT <8 THEN
RET =EKI_SetString("KRTMessage","Robot/String","Startlin")
RET =EKI_Send("KRTMessage","Robot")
;如果没有全部码完,向上位机发送数据"Startlin",开启流水线
ENDIF
END


DEF C_Calculate()
;放置位置计算程序
IF L_AND_R ==TRUE THEN
PPLACE =XPLEFT_BASE
;1号码盘基准点赋值
ELSE
PPLACE =XPRIGHT_BASE
;2号码盘基准点赋值
    ENDIF
```

```
IF((C_COUNT ==1)OR(C_COUNT ==2)) == TRUE THEN
  PPLACE = PPLACE
;计数值为 1、2 时,码垛至原点位置
ENDIF
IF((C_COUNT ==3)OR(C_COUNT ==4)) == TRUE THEN
  PPLACE.X = PPLACE.X +70
;计数值为 3、4 时,码垛至原点位置 X 轴偏移 70 mm 处
ENDIF
IF((C_COUNT ==5)OR(C_COUNT ==6)) == TRUE THEN
  PPLACE.Y = PPLACE.Y -80
;计数值为 5、6 时,码垛至原点位置 Y 轴偏移 -80 mm 处
ENDIF
IF((C_COUNT ==7)OR(C_COUNT ==8)) == TRUE THEN
  PPLACE.X = PPLACE.X +70
  PPLACE.Y = PPLACE.Y -80
;计数值为 7、8 时,码垛至原点位置 X 轴偏移 70 mm、Y 轴偏移 -80 mm 处
ENDIF
END


DEF C_PLACE()
;物料放置子程序
PPLACE.Z = PPLACE.Z +100
PTP PPLACE CONT Vel =15 %  PDAT7 Tool[1]:Toolxi Base[1]:Stack_BASE
;移动至放置点上方 100 mm 处
PPLACE.Z = PPLACE.Z -100
LIN PPLACE Vel =0.05 m/s CPDAT9 Tool[1]:Toolxi Base[1]:Stack_BASE
;准确移至放置点
WAIT SEC 0.2
 $OUT[9] = FALSE
;关闭吸盘
WAIT FOR(NOT $IN[16])
;等待负压释放
PPLACE.Z = PPLACE.Z +100
LIN PPLACE Vel =0.08 m/s CPDAT9 Tool[1]:Toolxi Base[1]:Stack_BASE
;离开放置点
END


DEF INTERRUPT1()
```

```
;中断程序
RET = EKI_SetString("KRTMessage","Robot/String","Stoplin*")
RET = EKI_Send("KRTMessage","Robot")
;向上位机发送数据"Stoplin*"
END
```

4.5　考核评价

考核任务 1　配置一个外部紧急停止开关

　　要求：使用 KUKA 机器人的 X11 安全接口，配置一个外部急停信号，当机器人示教器被取下或者距离较远时，也能在发生危险的第一时间将机器人紧急停止，保证人身和设备的安全。

考核任务 2　使用机器人示教器设定一个完整的工具坐标

　　要求：能清楚描述 KUKA 机器人工具坐标创建方法，使用示教器精确地设定 TCP，并将误差控制在 0.5 mm 以内，能用专业语言正确流利地展示配置的基本步骤，思路清晰、有条理，能圆满回答教师与同学提出的问题，并能提出一些新的建议。

考核任务 3　使用机器人示教器设定一个完整的基坐标

　　要求：能清楚描述 KUKA 机器人基坐标的创建方法，使用示教器在指定的平面中设定工件坐标，通过机器人线性运动的验证，误差控制在可接受范围内，能用专业语言正确流利地展示配置的基本步骤，思路清晰、有条理，能圆满回答教师与同学提出的问题，并能提出一些新的建议。

4.6　扩展提高

扩展任务　独自编写搬运程序

　　要求：熟练掌握机器的各条指令的用法，根据自己思路，重新编写 KUKA 搬运码垛机器人的程序

项目 5

工业机器人系统集成与
典型应用——自动锁螺丝

5.1 项 目 描 述

本项目的主要学习内容包括：机器人自动锁螺丝项目；电批工具的使用、工具坐标的建立、I/O 配置；机器人自动锁螺丝视觉识别；通过 NI Vision for LabVIEW 软件编程实现螺丝孔位置、数量识别。

5.2 教 学 目 的

通过本项目的学习让读者掌握机器人自动锁螺丝的应用方法，掌握工业机器人自动锁螺丝的程序编写技巧。本项目内容是工业机器人与视觉系统的综合应用，是对工业机器人应用的提升，学生需结合前面章节的基础知识进行巩固提升。

5.3 知 识 准 备

5.3.1 ABB 自动锁螺丝机器人工作站主要组成单元介绍

自动锁螺丝机器人工作站是结合实际工厂使用和相应的自动化工作场景，以 ABB 工业机器人本体为基础，集成自动螺丝排列系统、气动吸取螺丝系统、自动拧螺丝装置、视觉处理系统、自动上下料装置的实训平台，如图 5-1 所示。

5.3.2 机器人自动锁螺丝在产品装配中的应用

随着机器人的发展，机器人自动锁螺丝技能在产品装配中得到了迅速的发展，在汽车、电子、仪表等领域均有广泛的应用，涉及汽车零部件的装配、电子产品的装配和鼠标装配（图 5-2）等，采用机器人自动锁螺丝可以大幅提高生产效率、节省劳动成本、提高定位精度并降低装配过程中的产品损坏率。

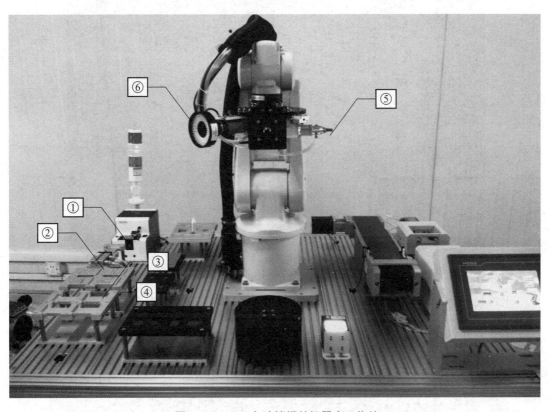

图 5 – 1　ABB 自动锁螺丝机器人工作站

①—螺丝排列机；②—打螺丝区；③—上料区；
④—下料区；⑤—电批工具；⑥—工业相机。

5.3.3　机器人自动锁螺丝工艺介绍

机器人自动锁螺丝广泛应用于产品装配中，自动锁螺丝机器人工作站是结合实际工厂使用和相应的自动化工作场景，以 ABB 工业机器人本体为基础，集成自动螺丝排列系统、气动吸取螺丝系统、自动拧螺丝装置、视觉处理系统、自动上下料装置的实训平台。具体工艺步骤如下。

（1）螺丝排列机自动将螺丝排列好，如图 5 – 3 所示。

（2）机器人通过气动夹具将工件搬运到加工区，如图 5 – 4 所示。

（3）加工区的夹紧汽缸将工件夹紧固定，如图 5 – 5 所示。

（4）机器人通过电批工具从螺丝排列机上吸取螺丝，将吸取的螺丝锁紧到工件上，如图 5 – 6 所示。

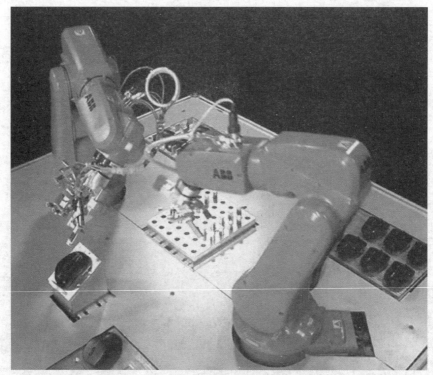

图 5 - 2　机器人自动鼠标装配

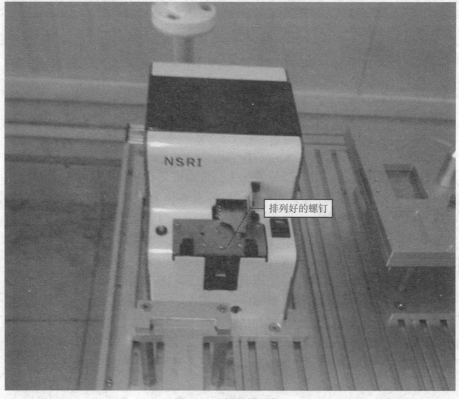

图 5 - 3　螺丝排列机

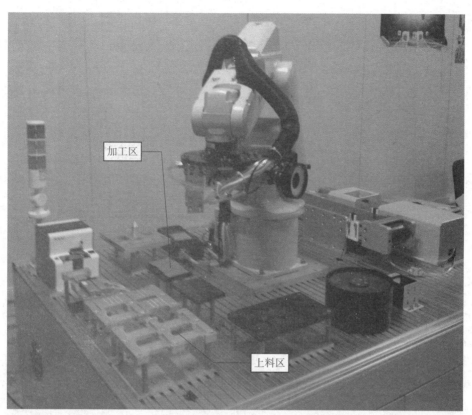

图 5-4　加工区和上料区

图 5-5　夹紧汽缸

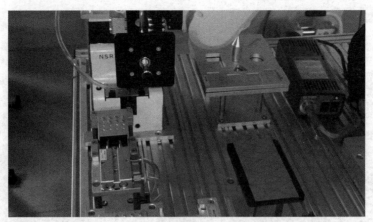

图 5 - 6　机器人拧螺丝

5.3.4　ABB 机器人自动锁螺丝常用指令介绍

1. I/O 信号指令

I/O 信号指令见表 5 - 1。

表 5 - 1　I/O 信号指令

Set	将数字信号输出信号设为 1
Reset	将数字信号输出信号设为 0
WaitDI	等待一个数字量输入信号为设定值
WaitDO	等待一个数字量输出信号为设定值

2. RAPID 串口通信指令

RAPID 串口通信指令见表 5 - 2 至表 5 - 4。

表 5 - 2　打开/关闭串行通道命令

指令	用途
Open	打开串行通道，以便读取或写入
Close	关闭通道
ClearIOBuff	清除串行通道的输入缓存

表 5 - 3　读取/写入基于字符的串行通道

指令	用　途
Write	对串口进行写文本操作
ReadNum	读取数值

续表

指令	用　途
ReadStr	读取文本串
WriteStrBin	写字符的操作

表5-4　读取/写入基于普通二进制模式的串行通道

指令	用　途
WriteBin	写入一个二进制串行通道
WriteStrBin	将字符串写入一个二进制串行通道
WriteAnyBin	写入任意一个二进制串行通道
ReadBin	读取二进制串行通道的信息
ReadStrBin	从一个二进制串行通道中读取一个字符串
ReadAnyBin	读取任意一个串行二进制通道的信息

5.3.5　机器视觉系统在自动锁螺丝项目螺丝孔位置、数量编程介绍

自动锁螺丝项目是通过机器视觉识别螺丝孔位置和数量。在本项目中使用的是 NI Vision 和 LabVIEW 软件编程实现螺丝孔位置、数量识别。

1. Color Plane Extraction（颜色平面抽取）

NI Vision Assistant 图像处理的函数有很多，结合自动锁螺丝项目，先来看一下 Color Plane Extraction 颜色平面抽取（二值化）。函数的功能是从一幅彩色图像中提取 3 个颜色平面中的一个，转换成灰度图像。其函数在处理函数面板中的位置如图 5-7 所示。

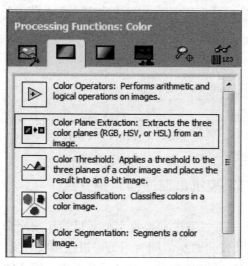

图5-7　颜色平面抽取

2. Pattern Matching（模板匹配）

螺丝孔的识别是通过模板匹配这个函数来完成的，模板匹配可以快速地定位一个灰度图像区域，这个灰度图像与一个已知的参考模板是匹配的。其函数在处理函数面板中的位置如图 5 – 8 所示。

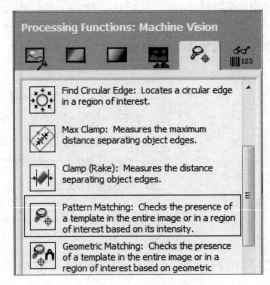

图 5 – 8　模板匹配

3. 视觉助手生成 LabVIEW 代码

调用相关函数处理完图像就可以生成 LabVIEW 代码了，生成步骤如图 5 – 9 至图 5 – 13 所示。

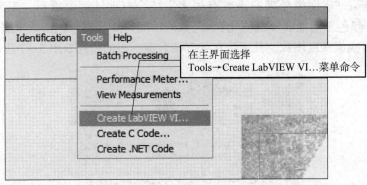

图 5 – 9　选择 Tools→Create LabVIEW VI…菜单命令

5.3.6　ABB 机器人与工控机串口通信编程介绍

串口通信指串口按位（bit）发送和接收字节。尽管比按字节（Byte）的并行通信慢，但是串口可以在使用一根线发送数据的同时用另一根线接收数据。在串口通信中，常用的协议包括 RS – 232、RS – 422 和 RS – 485。ABB 机器人中所使用的就是 RS – 232。

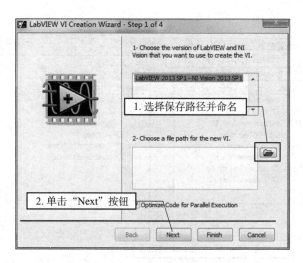

图 5 – 10　选择保存路径

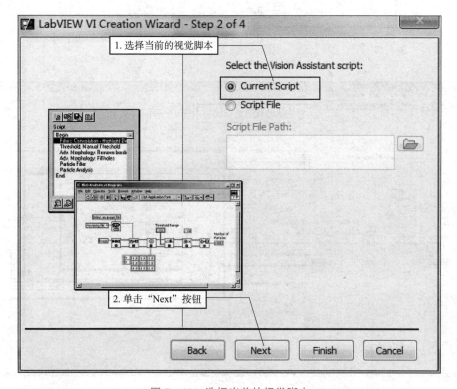

图 5 – 11　选择当前的视觉脚本

RS – 232 只限于 PC 串口和设备间点对点的通信。RS – 232 串口通信最远距离约是 15 m（50 英尺）。首先要知道机器人控制器上的串口位置，如图 5 – 14 所示，串行通道是选配件，控制器需要配备 DSQC1003 扩展板卡，扩展板有一个 RS – 232 串行通道 COM1，可用于与其他设备通信。

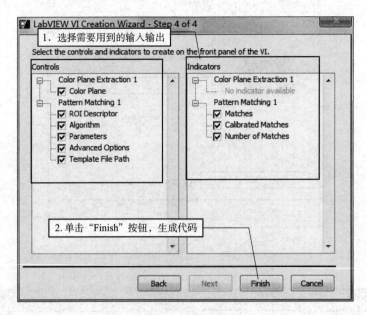

图 5 - 12　生成代码

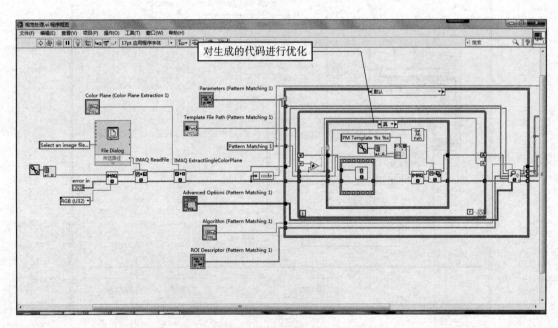

图 5 - 13　优化代码

CONSOLE 仅用于调试。

RS - 232 信道可以通过可选适配器 DSQC615 转换为 RS 422 全双工信道，实现更可靠的较远距离的点到点通信。

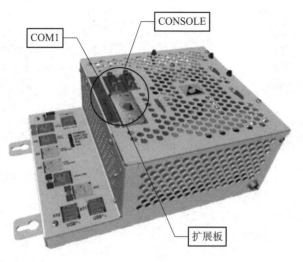

图 5 – 14　DSQC1003 扩展板卡

5.4　任 务 实 现

任务 1　NI Vision 和 LabVIEW 软件编程实现螺丝孔位置、数量识别

通过 NI Vision Assistant 视觉助手创建螺丝孔模板。

（1）将机器人相机移动到拍照点，采集图像，如图 5 – 15 所示。

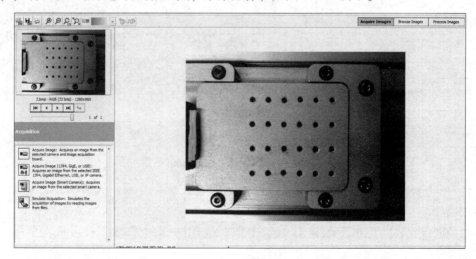

图 5 – 15　采集图像

（2）将图像二值化（在处理函数面板中 Color Plane Extraction 函数），如图 5 – 16 所示。

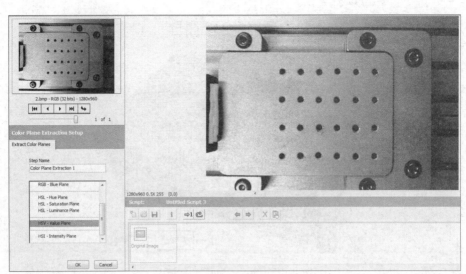

图 5-16 图像二值化

（3）在处理函数面板中选择 Pattern Matching 函数，如图 5-17 所示。

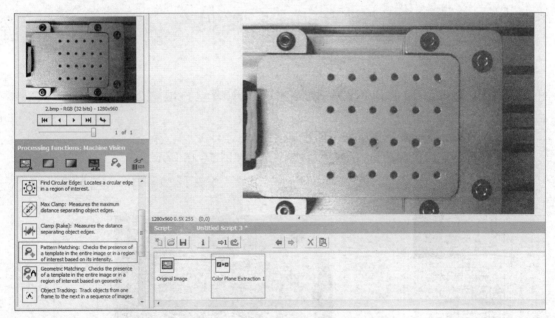

图 5-17 选择 Pattern Matching 函数

（4）单击 Pattern Matching（模板匹配）进入函数界面创建螺丝孔模板，如图 5-18 至图 5-23 所示。

（5）在工作站上位机上设置打螺丝参数，选择刚刚做好的模板路径，如图 5-24 所示。

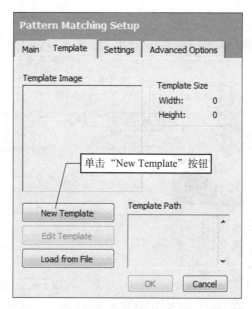

图 5 − 18　创建螺丝孔模板

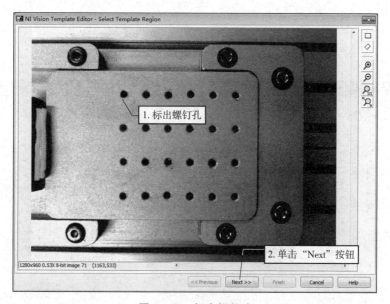

图 5 − 19　标出螺丝孔

任务 2　配置自动锁螺丝机器人项目的工具数据、工件坐标

1. 工具数据的建立

本任务中需要设置电批的 TCP。采用的 4 点法 + XZ 方向的方式设置电批的 TCP。以手动操作使电批在 TCP 练习模块中以 4 种不同姿态对准 TCP 设置点。再设置好 X 和 Z 的方向，如图 5 − 25 所示。

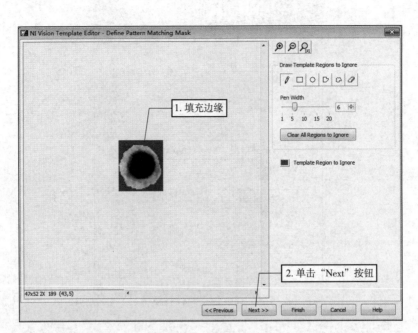

图 5 – 20　填充边缘

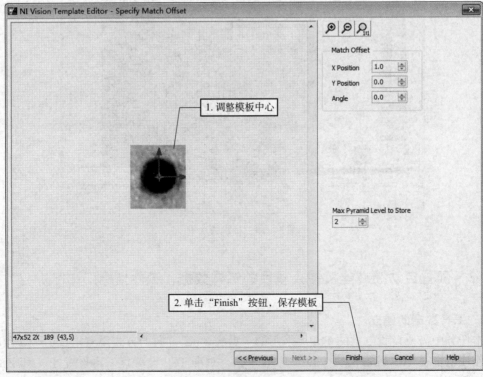

图 5 – 21　调整模板中心

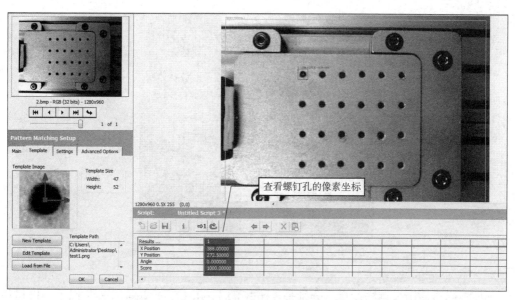

图 5 – 22　查看螺丝孔的像素坐标

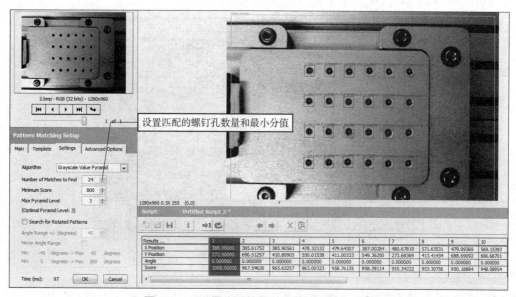

图 5 – 23　设置匹配的螺丝孔数量和最小分值

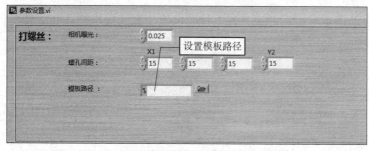

图 5 – 24　设置模板路径

图 5 – 25　建立工具数据

2. 工件坐标的建立

工件坐标是使用 3 点法设置，分别是 X 方向的 X_1 和 X_2、Y 方向的 Y_1。以手动操作使电批头对准图 5 – 26 所示的 X_1、X_2、Y_1 这 3 个点。

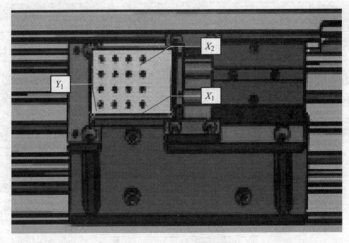

图 5 – 26　建立工件坐标

任务 3　配置自动锁螺丝机器人 I/O 与电批设备关联控制

本工作站自动锁螺丝使用的工具是电批，电批工具的吸取螺丝和旋转是由机器人的 I/O 控制。I/O 信号如表 5 – 5 所示。

表 5 – 5　I/O 信号

名称	信号类型	分配设备	设备地址	信号用途说明
D652_out6	Digital output	D652	6	控制电批吸螺丝
D652_out7	Digital output	D652	7	控制电批打螺丝

1. 配置 I/O 板

配置 I/O 板的操作步骤如图 5 – 27 至图 5 – 34 所示。

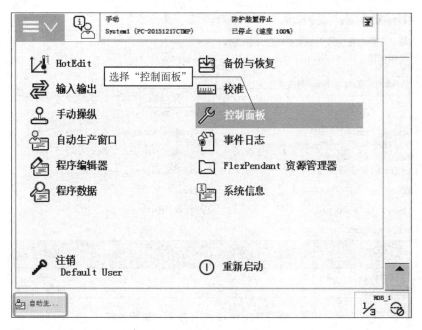

图 5 – 27　选择"控制面板"

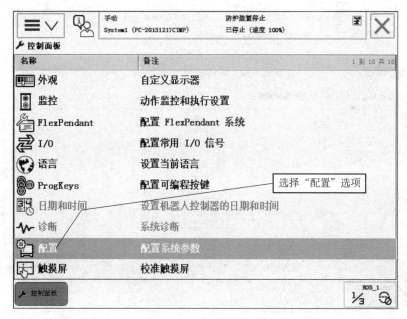

图 5 – 28　选择"配置"选项

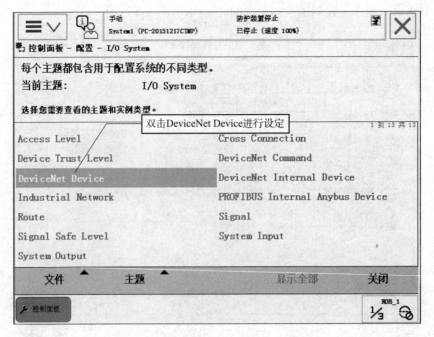

图 5 – 29　双击 DeviceNet Device 进行设定

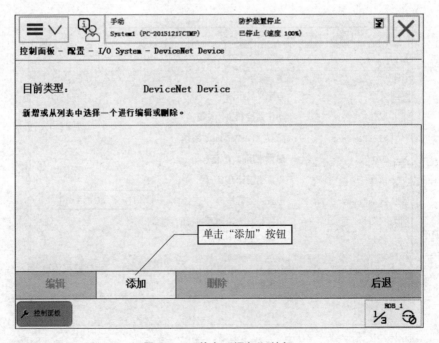

图 5 – 30　单击"添加"按钮

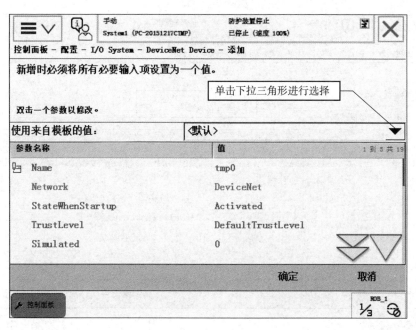

图 5 – 31　单击下拉三角形进行选择

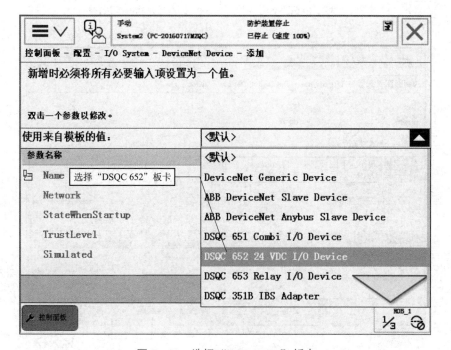

图 5 – 32　选择"DSQC 652"板卡

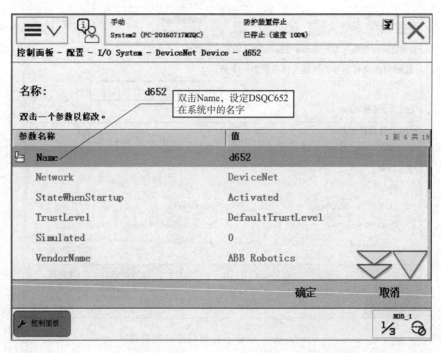

图 5 - 33　双击 Name，设定 DSQC652 在系统中的名字

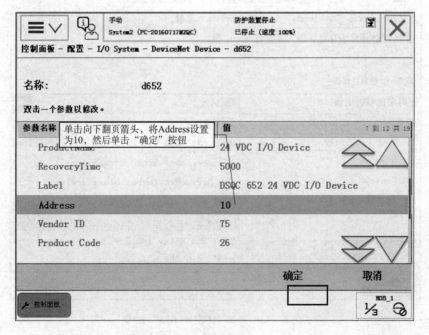

图 5 - 34　设置 Address

2. 定义 D652_out6 和 D652_out7 信号

定义 D652_out6 和 D652_out7 信号的步骤如图 5-35、图 5-36 所示。

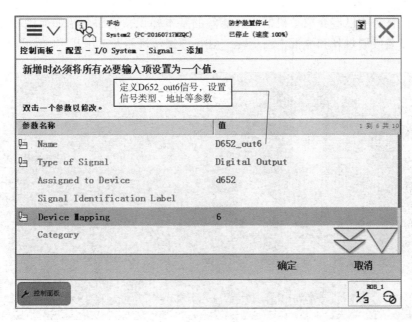

图 5-35 定义 D652_out6 信号

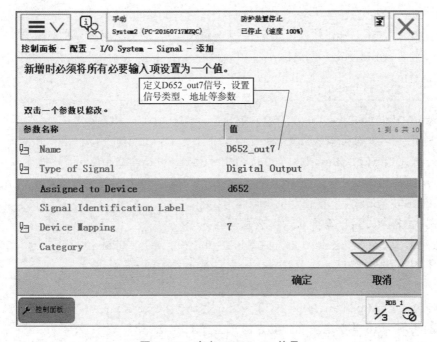

图 5-36 定义 D652_out7 信号

任务 4　编写一个简单程序控制电批设备吸取螺丝和电批主轴旋转

在前面的任务中已经介绍了机器人锁螺丝的基本知识，下面介绍如何编写一个简单程序控制电批设备吸取螺丝和电批主轴旋转。ABB 拧螺丝机器人工作站实物如图 5 - 37 所示。

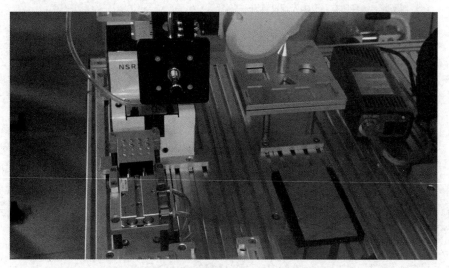

图 5 - 37　ABB 拧螺丝机器人工作站实物

```
MODULE  MainModule
    CONST  robtarget  pScrew:=[[ ***** ]]! 定义螺丝排序机吸取点
    CONST  robtarget  pdian:=[[ ***** ]]  ! 定义加工区原点
PROC  MAIN()
    !//--------------------- 吸取螺丝 --------------------- //
    MoveJ Offs(pScrew,0,0,150),v1500,z50,tooldian;
    ! 利用 MoveJ 移至拾取位置 pScrew 点正上方 150 mm 处
    MoveL Offs(pScrew,0,0,10),v1500,fine,tooldian;
    MoveL pScrew,v50,fine,tooldian;  ! 移动到螺丝排序机的拾取点 pScrew 处
    Set D652_out6;! 置位电批吸取信号
    WaitTime 0.5;! 等待 0.5S,吸取螺丝
    MoveJ Offs(pScrew,0,0,150),v1500,z50,tooldian;
    ! 利用 MoveJ 移至拾取位置 pScrew 点正上方 150 mm 处
    !//--------------------- 锁紧螺丝 --------------------- //
    MoveL Offs(pdian,0,0,150),v1500,z50,tooldian;
    ! 利用 MoveL 移至螺丝孔位置点的正上方 150 mm 处
    MoveL Offs(pdian,0,0,10),v1500,z50,tooldian;
    MoveL Offs(pdian,0,0,0),v50,fine,tooldian;
```

```
！利用 MoveL 移至螺丝孔位置点处
Set D652_out7；！置位电批旋转信号
MoveL Offs(pdian,0,0,-4),v10,fine,tooldian;
！利用 MoveL 将螺丝向螺丝孔锁紧,螺丝螺距为 4 mm
Reset D652_out6；！复位电批吸取信号
Reset D652_out7；！复位电批旋转信号
MoveL Offs(pdian,0,0,150),v1500,z50,tooldian;
！利用 MoveL 移至螺丝孔位置点
ENDPROC
ENDMODULE
```

任务5 编写一个简单程序与工控机设备进行通信

在前面的任务中,介绍了机器人的串口通信,下面介绍如何编写一个简单程序与工控机设备进行通信。

```
MODULE  MainModule
    VAR iodev ComChannel；！定义一个串口通道数据
    VAR string Count；        ！字符型数据,用于接收上位机开始指令
PROC  MAIN()
    Close ComChannel；        ！关闭串口通道
    Open"com1:",ComChannel  \Append \Bin;
    ！打开"com1"并连接到 ComChannel
    ClearIOBuff  ComChannel；！清空串口缓存
    WriteStrBin ComChannel,"OK"；！向上位机发送指令"OK"
    WHILE  TRUE  DO
    Count：= ReadStrbin(ComChannel,2)
    IF Count = AA  THEN      ！接收的数据为 AA,机器人执行 A_MAIN 子程序
        A_MAIN
    ENDIF
    IF Count = BB  THEN      ！接收的数据为 BB,机器人执行 B_MAIN 子程序
        B_MAIN
    ENDIF
    ENDWHILE
ENDPROC
ENDMODULE
```

任务6　实现机器人自动锁螺丝编程

在前面的任务中，介绍了机器人锁螺丝的基本知识，下面介绍如何实现机器人自动锁螺丝编程，具体工作要求如图5-38所示。

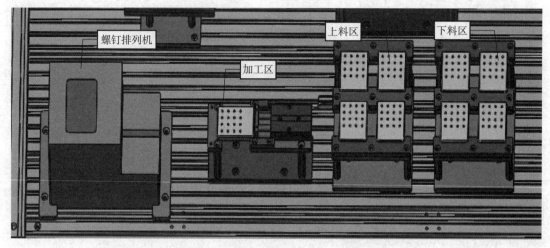

图5-38　ABB拧螺丝机器人工作站模拟图

工作流程：机器人通过气动夹具将工件搬运到加工区，然后用相机拍照，上位机视觉识别出螺丝孔位置，将数据发送给机器人，机器人从螺丝排列机吸取螺丝，根据视觉识别的位置将螺丝锁紧到工件上，完成装配后，机器人通过气动夹具将工件搬运到下料区。

1. 参考程序

```
MODULE A_Wrok
    VAR  num  nCount:=1;
    VAR iodev ComChannel;    ! 定义一个串口通道数据
    CONST robtarget pA_xj:=[[ **** ]];
    CONST robtarget pA_Workplace:=[[ **** ]];
    CONST robtarget pA_Screw:=[[ **** ]];
    CONST robtarget pA_dian:=[[ **** ]];
    CONST robtarget pA_pick{nCount}:=[[ **** ]]
    CONST robtarget pA_place{nCount}:=[[ **** ]]
!//********************* 主程序 *********************
PROC main()
     rInit! 调用初始化程序
    WHILE TRUE DO
    A_rPickPlate;! 调用上料程序
    A_rPhotograph;! 拍照视觉定位程序
    A_rWrok;! 调用打螺丝程序
```

```
        A_rPlace;! 调用下料程序
    ENDWHILE
ENDPROC
!//*********************** 初始化程序 ****************************
PROC rInit()
    VAR robtarget pActualPos;! 定义一个目标点数据 pActualPos
    Close ComChannel;! 关闭串口通道
    Open"com1:",ComChannel  \Append \Bin;
    ! 打开"com1"并连接到 ComChannel
    ClearIOBuff  ComChannel;  ! 清空串口缓存
    Reset D652_out4;! 信号初始化,复位夹具信号
    Reset D652_out5;! 信号初始化,复位加工区夹紧汽缸信号
    Reset D652_out6;! 信号初始化,复位电批吸取真空信号
    Reset D652_out7;! 信号初始化,复位电批旋转信号
    nCount:=1;! 计数初始化,将用于工件的计数
    pActualpos:=CRobT( \Tool:=tool0 \WObj:=wobj0);
    ! 利用 CRobt 读取当前机器人目标位置并赋值给 pActualpos
    IF pActualpos < >pHome THEN! 判断当前是否在 pHome 点
    IF pActualpos.trans.z < pHome.trans.z –200 THEN
    ! 判断当前点的 z 值是否低于 pHome 的 z 值下 200 mm 下
        pActualpos.trans.z:=pHome.trans.z;
    ! 将 pHome 点的 z 赋值给 pActualpos 的 z 值
        MoveJ  pActualpos,v1500,fine,tool0;
    ! 移动以赋值后的 pActualpos 点
    ENDIF
    MoveJ pHome,v1500,fine,tool0;! 移至 pHome 点,上述指令的目的是需要将
! 机器人提升至与 pHome 点一样的高度,之后再平移值 pHome 点,这样可以简单地规划一条
! 机器人安全回 pHome 点的轨迹。
    ENDIF
    WriteStrBin ComChannel,"OK";  ! 向上位机发送指令"OK"
    ENDPROC
!//*********************** 上料到加工区 ****************************
PROC  A_rPickPlate()
    MoveJ Offs(pA_pick{nCount},0,0,150),v1000,z50,tGrippers;
    ! 以 v1000 的速度移动到上料区上方 150 mm 处
    MoveL Offs(pA_pick{nCount},0,0,10),v500,z50,tGrippers;
    Reset D652_out5;
    MoveL pA_pick{nCount},v100,fine,tGrippers;
```

```
    ! 移动到上料区 pA_pick{nCount} 点处
    Set D652_out5;! 置位气动夹具信号,抓取工件
    WaitTime 0.5;! 等待 0.5s
    MoveL Offs(pA_pick{nCount},0,0,10),v100,z50,tGrippers;
    MoveL Offs(pA_pick{nCount},0,0,150),v1000,z50,tGrippers;
    ! 以 v1000 的速度移动到上料区上方
    MoveJ Offs(pA_Workplace,0,0,150),v1000,z50,tGrippers;
    ! 以 v1000 的速度移动到加工区上方 150 mm 处
    MoveJ Offs(pA_Workplace,0,0,10),v500,z50,tGrippers;
    MoveL pA_Workplace,v100,fine,tGrippers;
    ! 移动到加工区 pA_Workplace 点处
    Set D652_out4;! 置位加工区夹紧汽缸,将工件夹紧
    WaitTime 0.5! 等待 0.5s
    Reset D652_out5;! 复位气动夹具信号,松开工件
    WaitTime 0.5;! 等待 0.5s
    MoveL Offs(pA_Workplace,0,0,150),v1000,z50,tGrippers;
    ! 以 v1000 的速度移动到加工区 pA_Workplace 点上方 150 mm 处
ENDPROC
! //*********************** 拍照视觉识别 ***************************
PROC A_rPhotograph()
    MoveJ pA_xj,v500,fine,tool0;  ! 将相机移动至加工区上方相机识别点处
    WaitTime 0.5;! 等待 0.5s
    WriteStrBin ComChannel,"scr_ready";  ! 发送指令给上位机,触发拍照
    WaitTime 0.5;  ! 等待 0.5s
ENDPROC
! //*********************** 自动锁螺丝 ***************************
PROC A_rWrok()
    FOR i FROM 1 TO 24 DO
    WriteStrBin ComChannel,"DataDemand";  ! 请求上位机发送数据
    comReceive;  ! 接收上位机视觉识别的螺丝孔位置数据
    !//------------------------------------------ //
    MoveJ Offs(pA_Screw,0,0,150),v1500,z50,tooldian;
    ! 利用 MoveJ 移至拾取位置 pA_Screw 点正上方 150 mm 处
    MoveL Offs(pA_Screw,0,0,10),v1500,fine,tooldian;
    MoveL pA_Screw,v50,fine,tooldian;
    ! 移动到螺丝排列机的拾取点 pA_Screw 处
    Set D652_out6;! 置位电批吸取信号
    WaitTime 0.5;! 等待 0.5s,吸取螺丝
```

```
    MoveJ Offs(pA_Screw,0,0,150),v1500,z50,tooldian;
    ! 利用 MoveL 移至拾取位置 pA_Screw 点正上方 150 mm 处
    ! //---------------------------------------- //
    MoveL Offs(pA_dian,dx,dy,150),v1500,z50,tooldian;
    ! 利用 MoveL 移至螺丝孔位置点的正上方 150 mm 处
    MoveL Offs(pA_dian,dx,dy,10),v1500,z50,tooldian;
    MoveL Offs(pA_dian,dx,dy,0),v50,fine,tooldian;
    ! 利用 MoveL 移至螺丝孔位置点处
    Set D652_out7;  ! 置位电批旋转信号
    MoveL Offs(pA_dian,dx,dy,-4),v10,fine,tooldian;
    ! 利用 MoveL 将螺丝向螺丝孔锁紧,螺丝螺距为 4 mm
    Reset D652_out6;  ! 复位电批吸取信号
    Reset D652_out8;  ! 复位电批旋转信号
    MoveL Offs(pA_dian,dx,dy,150),v1500,z50,tooldian \WObj:=Wobj;
    ! 利用 Movel 移至螺丝孔位置点的正上方 150 mm 处
    ! //---------------------------------------- //
    ENDFOR
ENDPROC
! //********************** 将加工完的产品下料 **************************
PROC A_rPlace()
    MoveJ Offs(pA_Workplace,0,0,150),v1000,z50,tGrippers;
    ! 以 v1000 的速度移动到加工区上方 150 mm 处
    MoveL Offs(pA_Workplace,0,0,10),v500,z50,tGrippers;
    MoveL pA_Workplace, v100, fine, tGrippers;
    ! 移动到加工区 pA_Workplace 点处
    Set D652_out5;  ! 置位气动夹具,夹取工件
    WaitTime 0.5;  ! 等待 0.5s
    Reset D652_out4;  ! 复位加工区夹紧汽缸,将工件松开
    WaitTime 0.5;  ! 等待 0.5s
    MoveL Offs(pA_Workplace,0,0,150),v1000,z50,tGrippers;
    ! 移动到加工区 pA_Workplace 点正上方 150 mm 处
    MoveJ Offs(pA_place{nCount},0,0,150),v1000,fine,tGrippers;
    ! 移动到下作区 pA_place{nCount} 点正上方 150 mm 处
    MoveL Offs(pA_place{nCount},0,0,10),v500,z50,tGrippers;
    MoveL pA_place{nCount},v100,fine,tGrippers;
    ! 移动到下作区 pA_place{nCount} 点处
    Reset D652_out5;  ! 复位夹具信号,松开工件
    WaitTime 0.5;  ! 等待 0.5s
```

```
    MoveL Offs(pA_place{nCount},0,0,150),v1000,z50,tGrippers;
    ! 移动到下作区 pA_place{nCount} 点正上方 150 mm 处
    nCount:=nCount+1;  ! 工件计数加 1
    IF nCount >4 THEN
        nCount:=1;
    ENDIF
    MoveJ pHome, v1000, fine, tool0;  ! 移动到 pHome 点处
ENDPROC
ENDMODULE
```

2. 点位示教

在本任务中需示教 10 个点位数据，上料区 pA_Pick {4} 与下料区 pA_Place {4} 各 4 个，螺丝排列机上一个吸取点 pA_Screw，加工区坐标原点 pA_dian，如图 5-39 所示。

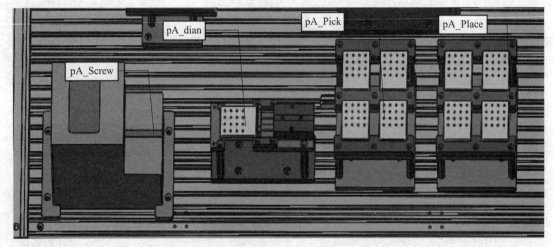

图 5-39　ABB 拧螺丝机器人示教点

5.5　考 核 评 价

考核任务 1　ABB 机器人通过串口通信发送 HelloRobot! 给工控机设备

要求：了解 ABB 机器人的串口通信方式，熟悉与串口通信相关的指令，编写串口程序，并将 HelloRobot! 给工控机设备，能用专业语言正确流利地展示配置的基本步骤，思路清晰、有条理，能圆满回答教师与同学提出的问题，并能提出一些新的建议。

考核任务 2　使用 NI Vision for LabVIEW 软件编程实现螺丝孔相关信息识别

要求：了解 NI Vision for LabVIEW 视觉助手的基本图像处理函数，如二值化、模板匹配、形状匹配等，能熟练使用 NI Vision for LabVIEW 软件编程实现螺丝孔相关信息识别，能用专业语言正确流利地展示配置的基本步骤，思路清晰、有条理，能圆满回答教师与同学提出的问题，并能提出一些新的建议。

考核任务 3　使用 ABB RobotStudio 配置自动锁螺丝所需要 I/O 单元及信号

要求：了解自动锁螺丝项目中工具的设计原理，结合机器人的 I/O 知识通过 ABB RobotStudio 配置自动锁螺丝所需要 I/O 单元及信号，能用专业语言正确流利地展示配置基本的步骤，思路清晰、有条理，能圆满回答教师与同学提出的问题，并能提出一些新的建议。

考核任务 4　通过示教器配置锁螺丝项目的工具数据、工件坐标

要求：了解锁螺丝项目的工具数据、工件坐标的建立，并通过示教器建立电批的工具坐标以及加工区的工件坐标。能用专业语言正确流利地展示配置的基本步骤，思路清晰、有条理，能圆满回答教师与同学提出的问题，并能提出一些新的建议。

5.6　扩　展　提　高

扩展任务　使用 ABB RobotStudio 编写自动锁螺丝程序

要求：结合 NI Vision for LabVIEW 视觉识别，使用 ABB RobotStudio 编写自动锁螺丝程序，能用专业语言正确流利地展示配置的基本步骤，思路清晰、有条理，能圆满回答教师与同学提出的问题，并能提出一些新的建议。

项目 6

工业机器人系统集成与
典型应用——抛光打磨

项目6 工业机器人
系统集成—抛光打磨

6.1 项目描述

本项目的主要学习内容包括：抛光打磨的行业应用；抛光打磨的工艺；抛光打磨的工具；RobotStudio 插件——MachiningPowerPac 的使用；ABB 抛光打磨机器人的相关指令；ABB 机器人工具坐标系、工件坐标系的建立。

6.2 教 学 目 的

通过本项目的学习让学生了解工业机器人抛光打磨的应用，了解抛光打磨的工艺，了解抛光打磨工作站的主要组成单元，创建抛光打磨所需的工具数据、工件坐标数据，了解 RobotStudio 插件——MachiningPowerPac 生成机器人路径，编写抛光打磨程序并完成调试，总结学习过程中的经验。

6.3 知 识 准 备

6.3.1 抛光打磨的行业应用

随着机器人的发展以及打磨车间环境的恶劣，机器人抛光打磨可以让生产工人远离有害的工作环境，同时也有利于提高工厂在打磨工序的生产效率，降低工作强度，提升工厂的竞争力和提高产品的质量，促进产业转型升级，更有助于提高整个社会生产的自动化水平。目前抛光打磨系统在各大行业有着广泛的应用，如汽车制造业、卫浴用品、厨房用品、五金家具、3C 产业等。机器人的打磨主要分为两种类型，一种是机器人夹持打磨工具对工件进行抛光打磨，另一种是机器人夹持工件在专用的打磨机上进行打磨。如图 6-1 所示为机器人在进行打磨工作。

图6-1 机器人进行抛光打磨

6.3.2 抛光打磨工艺的介绍

根据目前抛光打磨工艺的要求，抛光打磨工序可分为粗抛光打磨和精抛光打磨两个不同等级。粗抛光打磨主要针对的是产品去毛刺、分型线、浇冒口、分模线等；精抛光打磨主要针对产品表面处理精抛等。由于铸件的重复精度及表面粗糙度差，抛光打磨工具很容易产生磨损，在抛光打磨时力度的控制变化等不确定因素影响，导致了机器人抛光打磨应用相对复杂和实施中存在一些困难因素。

粗抛光打磨：根据产品的公差尺寸和要求，机器人按照设定轨迹工作，对产品表面进行粗糙的抛光打磨处理。常用于铸件去毛刺、合模线等应用。恒定的速度配合大功率的抛光打磨工具；变轨迹速度保证抛光打磨工具在遇到工件表面的时候，可以保持恒定的切削力，通过变速达到保护抛光打磨工具的目的。

精抛光打磨：根据工艺的要求，对工件表面粗糙度进行加工。恒定抛光打磨速度，根据抛光打磨表面接触力的大小，实时改变抛光打磨轨迹，使抛光打磨轨迹适应工件表面的曲率，很好地控制了材料除去除量。

抛光打磨机器人系统由工业机器人、打磨机具、力控制设备、终端执行器等外围设备硬件系统和机器人力矩等软件系统组成。抛光打磨机器人的自动化系统集成，就是将组成抛光打磨机器人的各种软硬件系统集成为相互关联、统一协调的总控制系统，以实现机器人的自动化打磨、抛光、去毛刺加工。

6.3.3 抛光打磨工具介绍

抛光打磨的工具是根据抛光打磨工艺需要而选择的，抛光打磨工具按切削方式可以分为铣削刀具、磨削刀具、去毛刺工具，如图6-2至图6-4所示。

图 6 - 2　铣削刀具

图 6 - 3　磨削刀具

图 6 - 4　去毛刺刀具

6.3.4　RobotStudio 插件——MachiningPowerPac 的介绍

　　MachiningPowerPac 是 ABB 机器人为机加工、去毛刺飞边、打磨抛光等应用提供的一款理想的编程插件。该软件广泛适用于以 CAD 模型为基础的路径生成作业，允许用户以多程并进的方式配置特定应用。使用 MachiningPowerPac 可以缩短编程时间，减少工程量和优化时间。机器人打磨如图 6 - 5 所示。

6.3.5　轴配置监控指令

　　ConfL：其指定机器人在关节、线性运动及圆弧运动过程中是否严格遵循程序中已设定的轴配置参数。默认情况下轴配置监控是打开的，当关闭轴配置监控后，机器人在运动过程中采取最接近当前轴配置数据的配置到达指定目标点。

　　例如，程序中数据 [-1, 0, -1, 0] 和 [0, -2, 1, 0] 就是目标点 p10 和 p20 目标点的轴配置数据。

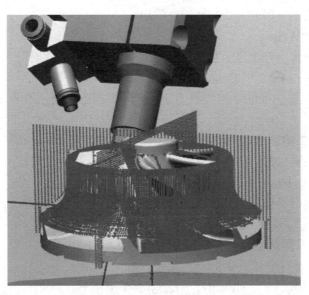

图 6 - 5　机器人打磨

```
CONST robtarget p10: =[[ * , * , * ],[ * , * , * , * ],[ - 1,0, - 1,0],[9E +
09,9E +09,9E +09,9E +09,9E +09,9E +09]];
CONST robtarget p20: =[[ * , * , * ],[ * , * , * , * ],[0, - 2,1,0],[9E +09,
9E +09,9E +09,9E +09,9E +09,9E +09]];
PROC main( )
    ConfJ \Off;
    ConfL \Off;
    MoveJ p10,v1000,z50,tool0;
    MoveL p20,v1000,z50,tool0;
    ConfJ \On;
    ConfL \On;
ENDPROC
```

机器人自动匹配一组最接近当前各关节轴姿态的轴配置数据移动至目标点 p10，到达 p10 点时，轴配置数据不一定为程序中指定的 [- 1, 0, - 1, 0]。

在某些应用场合，示教相邻两目标点间轴配置数据相差较大时，在机器人运动过程中容易出现报警 "轴配置错误" 而造成停机，在此情况下，如果对轴配置要求较高，则一般通过添加中间过渡点，如果对轴配置要求不高的情况下，则可通过指令 ConfJ\Off 或 ConfL\Off 关闭轴监控，使机器人自动匹配可行的轴配置来到达指定目标点。需要打开轴配置监控则需添加 ConfJ\On 或 ConfL\On，可根据实际要求打开或关闭。

6.3.6　常用人机交互指令

在机器人程序运行过程中，经常需要添加人机交互，实时显示当前信息或者人工选择确认等，下面列举几个常用的人机交互指令的用法。

1. 写屏指令 TPWrite

该指令的作用是将字符串显示在示教器屏幕上，在字符串后面可增加数据显示，例如：

TPWrite"The last cycle time is" \Num：= cycletime；

若对应数值型数据 cydetime 的数值为 5，运行该指令，则示教器屏幕上会显示"The last cycle time is 5"。

2. 示教器端人工输入数值指令 TPReadNum

该指令的作用是通过键盘输入的方式对指定变量进行赋值，例如：

TPReadNum regl,"how many products should be produced?"；

运行该指令，示教器屏幕上会出现数值输入键盘，假设人工输入 5，则对应的 reg1 被赋值为 5。

3. 屏幕上显示不同选项供用户选择指令 TPReadFK

该指令最多支持 5 个选项，例如：

TPReadFK regl,"More?"，stEmpty，stEmpty，"Yes"，"No"；

运行该指令，可人工进行选择。若选择为 Yes，则对应 reg1 被赋值为选项的编号 4；则后续可以根据 reg1 的不同数值执行不同的指令。

4. 清屏指令 TPErase

运行该指令，则清空屏幕上的全部显示。

6.3.7 加载普通程序模块

Load 用于在执行期间，将普通程序模块加载到程序内存中。将已加载的普通程序模块添加至程序内存中业已存在的模块。可以用静态（默认）或动态模式加载程序或系统程序模块。通过指令 UnLoad，可卸载静态和动态加载的模块。

实例 6 – 1：

```
Load \Dynamic,diskhome \File:="PART_A.MOD";
```

将来自 diskhome 的普通程序模块 PART_A. MOD 加载到程序内存中。diskhome 是预定义字符串常量" HOME:"。用动态模式来加载普通程序模块。

实例 6 – 2：

```
Load \Dynamic,diskhome \File:="PART_A.MOD";
Load \Dynamic,diskhome \File:="PART_B.MOD" \CheckRef;
```

将普通程序模块 PART_A. MOD 加载到程序内存中，随后，加载 PART_B. MOD。如果 PART_A. MOD 包含 PART_B. MOD 的参考，则仅当最后一个模块加载完毕后，方可用 \CheckRef 来检查未解决的参考。如果 \CheckRef 用于 PART_A. MOD，则将出现链接错误，且不会加载模块。

实例 6 – 3：

```
Load [ \Dynamic] FilePath [ \File] [ \CheckRef]
```

［\Dynamic］

数据类型：switch

开关以动态模式启用模块负载；否则，负载采用静态模式。

FilePath

数据类型：string

将文件路径和文件名称加载到程序内存中。当使用参数\File时，应当排除文件名称。

［\File］

数据类型：string

当参数FilePath中排除文件名称时，则必须通过该参数来进行定义。

［\CheckRef］

数据类型：switch

在加载模块后，检查程序任务中未解决的参考。如未使用，则不对未解决的参考进行检查。

6.4　任　务　实　现

任务1　表面抛光

本工作站以手机外壳表面抛光为例，采用ABB公司IRB2600机器人完成手机外壳表面抛光处理，通过MachiningPowerPac插件对手机外壳表面的路径生成，如图6-6所示。

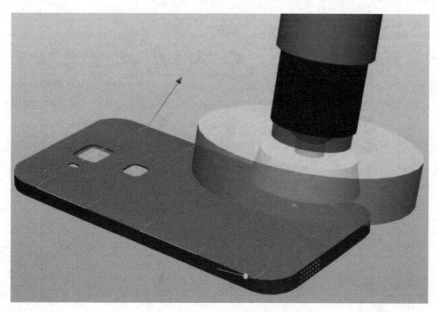

图6-6　手机外壳表面抛光

1. 创建新的工作站

(1) 打开 Robotstudio 软件，新建空工作站，如图 6-7 所示。

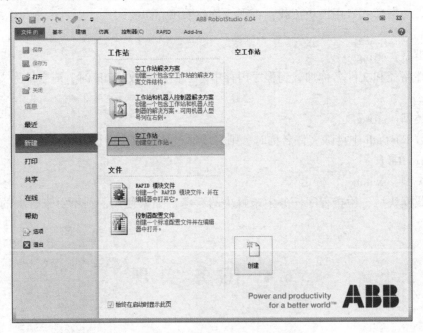

图 6-7　新建空工作站

(2) 单击 ABB 模型库，导入机器人模型，选择机器人型号为 IRB 2600，如图 6-8 所示。

(3) 选择合适重量和臂长后，单击"确定"按钮，如图 6-9 所示。

(4) 选择"浏览几何体"，选项导入 CAD 模型，如图 6-10 所示。

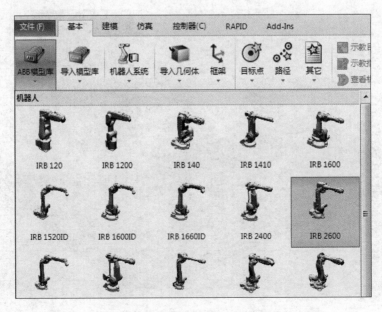

图 6-8　选择合适重量和臂长导入的机器人型号

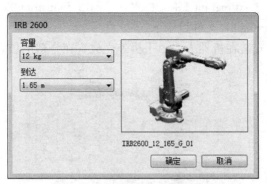

图 6 – 9　选择合适的重量和臂长

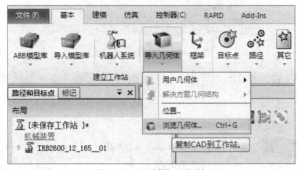

图 6 – 10　浏览几何体

（5）在显示窗口中，选择手机外壳和主轴的 CAD 模型（our cell phone – 1 和 spindle），如图 6 – 11 所示。

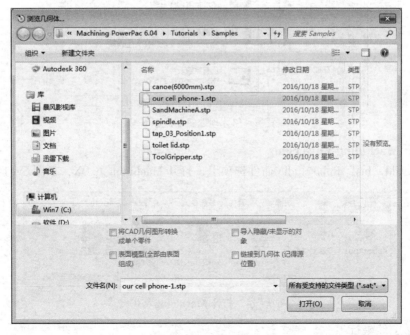

图 6 – 11　CAD 模型

CAD 的模型保存在 C:\Program Files（x86）\ABB Industrial IT \Robotics IT \Machining PowerPac 6. X \Tutorials \Samples 文件目录下。

（6）将导入的主轴安装在机器人上，手机外壳放置在合适的位置，如图 6-12 所示。

图 6-12　放置手机外壳

（7）在完成布局以后，选择"基本"→"机器人系统"→"从布局根据布局创建系统"，如图 6-13 所示。

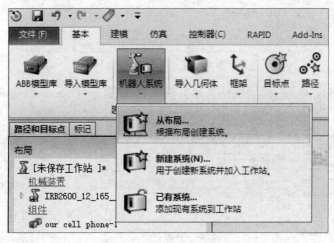

图 6-13　创建机器人系统

2. 打开 Machining PowerPac

打开"Add-Ins"Robotstudio 插件选项卡，打开 Machining 6.0X，如图 6-14 所示。

图 6-14　打开 Machining 6.0X

3. 新建工件坐标系

（1）选择"新建工件坐标系"命令，如图 6-15 所示。

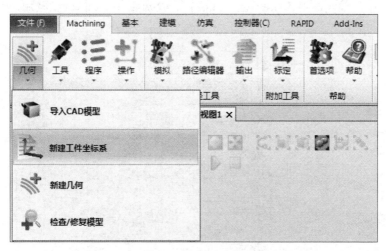

图6-15 选择"新建工件坐标系"命令

（2）在"新建工件坐标系"对话框中单击"新建"按钮，然后创建工件坐标系 Workobject_1，如图6-16和图6-17所示。

图6-16 "新建工件坐标系"窗口

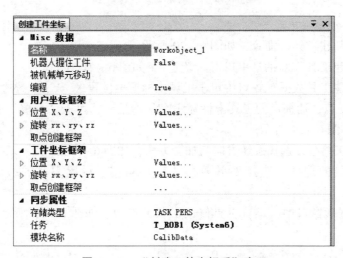

图6-17 "创建工件坐标系"窗口

（3）在"基本"选项卡中，将 Workobject_1 安装到所需的 CAD 模型中，如图 6 – 18 所示。

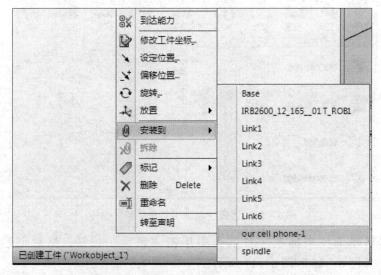

图 6 – 18 将 Workobject_1 安装到所需的 CAD 模型中

（4）单击"是"按钮，确认更新 Workobject_1 的位置，如图 6 – 19 所示。

图 6 – 19 "更新位置"对话框

4. 新建工具

（1）选择"新建工具"命令，如图 6 – 20 所示。

（2）在"新建工具"对话框中单击"新建"，如图 6 – 21 所示。

（3）在"新建工具数据"窗口中单击工具坐标框架位置 X、Y、Z 旁边的下拉箭头，捕捉抛光工具的中心点，捕捉点的工具坐标显示在文本框中，单击"接受"按钮，然后单击"创建"按钮，如图 6 – 22 所示。

（4）设置加工路径，选择旋转方向与加工方法，如图 6 – 23 所示。

（5）抛光刀具的选择，选择 T 形刀具"T_Cutter"，设置刀具的参数，如图 6 – 24 所示。

（6）在 3D 图形窗口中，预览工具修改形状的参数，如图 6 – 25 所示，单击"确定"按钮。

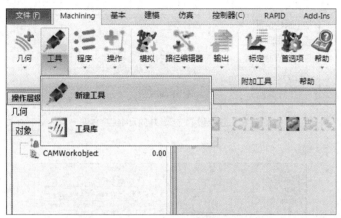

图 6 – 20 选择"新建工具"命令

图 6 – 21 "新建工具"窗口

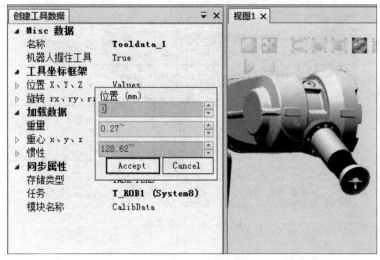

图 6 – 22 "创建工具数据"窗口

图6-23 设置旋转方向和加工方法

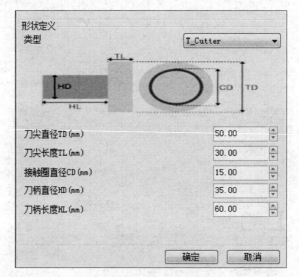

图6-24 设置刀具参数

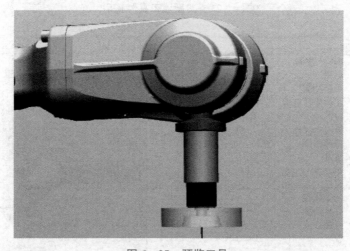

图6-25 预览工具

5. 新建程序

（1）选择"新建程序组"，如图 6 – 26 所示。

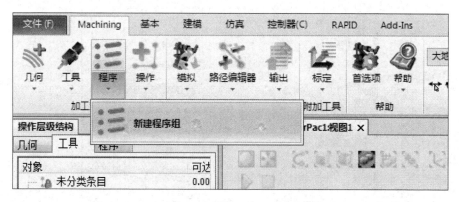

图 6 – 26　选择"新建程序组"命令

（2）在"新建程序组"对话框中，保持默认设置，并单击"确定"按钮，如图 6 – 27 所示。

图 6 – 27　单击"确定"按钮

6. 新建几何

（1）选择"新建几何"命令，如图 6 – 28 所示。

图 6 – 28　选择"新建几何"命令

（2）在"新建几何"窗口中，选择几何"设置类型"下拉列表框中的"Intersection Geome"选项，如图6-29所示。

图6-29 设置几何类型

（3）单击 ![按钮] 按钮，然后单击 ![按钮] 按钮，指定加工区域。

（4）在3D窗口中，选择手机外壳的底板表面，如图6-30所示。

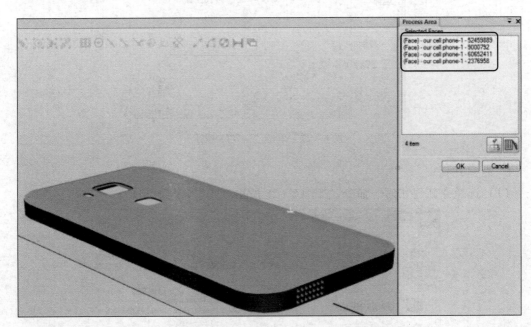

图6-30 选择手机外壳底板表面

（5）单击 ![按钮] 按钮，指定切割平面，选择平面阵列，设置参数，如图6-31所示。

（6）预览切割平面，如图6-32所示。

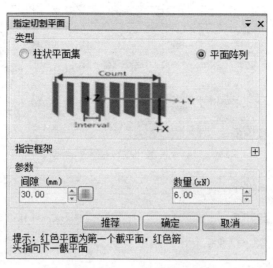

图 6 – 31　指定切割平面

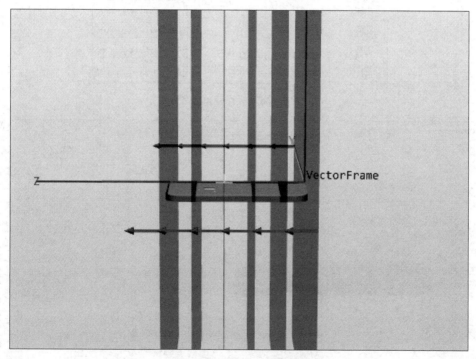

图 6 – 32　预览切割平面

7. 新建操作

（1）选择"新建操作"选项，如图 6 – 33 所示。

（2）在"新建操作"窗口中进行设置，如图 6 – 34 所示。

（3）单击"预览"按钮，查看预估可达率是不是 100%，如图 6 – 35 所示。

图 6-33 选择"新建操作"命令

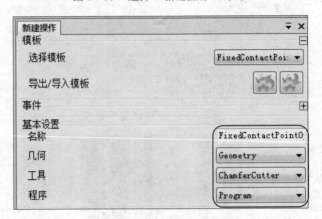

图 6-34 操作基本设置

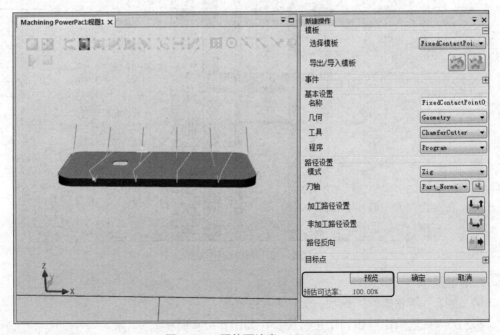

图 6-35 预估可达率：100.00%

（4）路径设置，选择模式为 Zigzag，如图 6-36 所示。

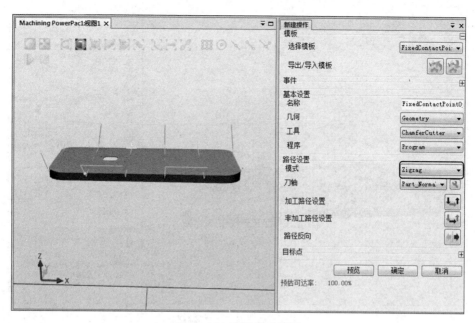

图 6-36　路径模式设置

（5）非加工路径设置，选择"连接类型"为 Direct，如图 6-37 所示。

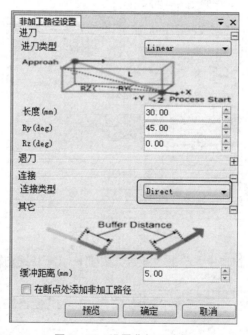

图 6-37　设置非加工路径

（6）单击"确定"按钮返回，然后单击"预览"按钮，加工的路径可以在 3D 图形中预览，并可以预估可达率，如图 6-38 所示。

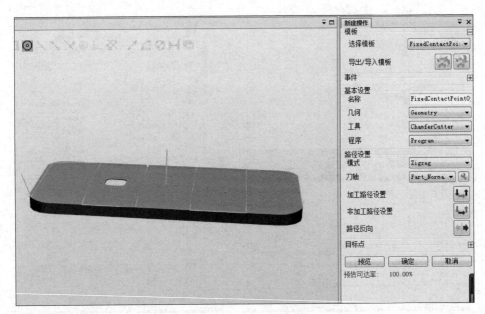

图 6 – 38 预览加工路径

8. 模拟路径

（1）选择"模拟"命令，如图 6 – 39 所示。

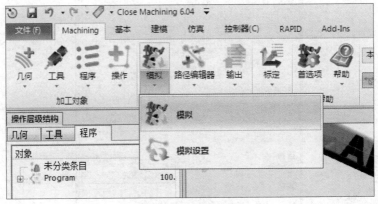

图 6 – 39 模拟路径

（2）在"快速模拟"窗口中，单击"开始"按钮▶实现快速仿真运行，如图 6 – 40 所示。

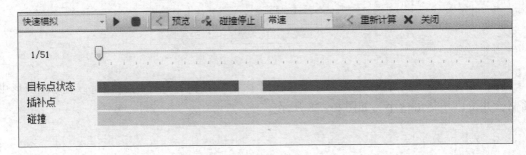

图 6 – 40 快速仿真运行

（3）在模拟窗口选择"VC 模拟"实现 VC 仿真运行，如图 6 – 41 所示。

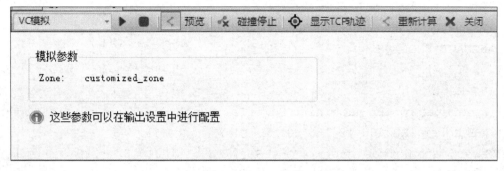

图 6 – 41　VC 模拟

9. 输出 RAPID 程序

（1）选择"输出 RAPID 程序"命令，如图 6 – 42 所示。

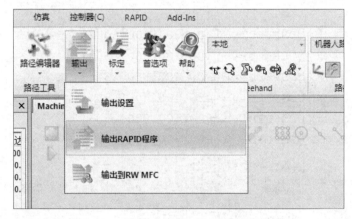

图 6 – 42　选择"输出 RAPID 程序"命令

（2）打开输出文件夹，如图 6 – 43 所示。

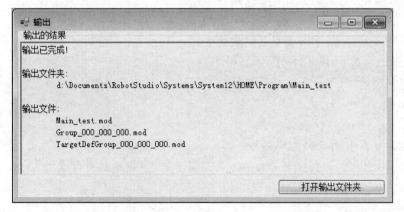

图 6 – 43　打开输出文件夹

10. 程序注解

```
%%%
  VERSION:1
  LANGUAGE:ENGLISH
%%%
MODULE Main_test
  ! Generated by ABB Machining PowerPac – Machining Functionality for
  ! ABB Robot IRB2600_12_165__01
PERS wobjdata Workobject_1:=[FALSE,TRUE,"",[[0,0,0],[1,0,0,0]],[[0,
0,0],[1,0,0,0]]];! 定义的手机外壳工件坐标 Workobject_1
PERS tooldata Tooldata_1:=[TRUE,[[0,0.266,128.617],[1,0,0,0]],[1,
[0,0,1E-06],[1,0,0,0],0,0,0]];
! 定义的打磨工具坐标 Tooldata_1
```

```
VAR speeddata vNC_UDSPEED0:=[50,100,5000,50];

VAR speeddata vNC_UDSPEED1:=[100,200,5000,50];

VAR speeddata vNC_UDSPEED2:=[200,400,5000,50];

VAR speeddata vNC_UDSPEED3:=[400,400,5000,50];

VAR speeddata vNC_UDSPEED4:=[800,400,5000,50];

VAR speeddata vNC_UDSPEED5:=[800,400,5000,50];

! 速度数据
VAR zonedata customized_zone:=[FALSE,1,15,15,1.5,15,1.5];
! 区域数据
PERS string SubFiles{2}:=["_001_006_000","_001_007_000"];
  PERS string FilePath:="HOME/Program/Main_test";
  ! 定义字符串数据,用于加载程序模块的路径
  PERS string FilePrefix:="Group";
  ! 定义字符串数据,用于加载程序模块的名称
  PERS string PathPrefix:="Path";
  ! 定义字符串数据,用于加载程序模块的名称
PROC Main()
  AccSet 50,50;
  ConfL \On;    ! 打开轴控制监控
  SingArea \Wrist;  ! 允许轻微的改变工具姿态,以便通过奇异点
  FOR i FROM 1 TO 2 DO
    Load \Dynamic, FilePath \File:="TargetDef" + FilePrefix + SubFiles
{i} + ".mod";
```

```
！根据 i 的值加载 TargetDef Group _001_006_000.mod 模块和 TargetDef Group
！_001_007_000.mod 模块,这两个模块保存的是点位数据
    Load \Dynamic, FilePath \File: = FilePrefix + SubFiles{i} + ".mod";
！根据 i 的值加载 Group _001_006_000.mod 模块和 Group _001_007_000.mod 模
！块,这两个模块保存的是运动程序
    TPWrite SubFiles{i};
    % PathPrefix + SubFiles{i}% ;
    UnLoad FilePath \File: = FilePrefix + SubFiles{i} + ".mod";
    ！卸载模块
    UnLoad FilePath \File: = "TargetDef" + FilePrefix + SubFiles{i} + ".
mod";
    ！卸载模块
  ENDFOR
  ConfL \Off;  ！关闭轴控制监控
ENDPROC
ENDMODULE
```

任务2　外壳去毛刺

本工作站以外壳去毛刺为例,采用 ABB 公司 IRB4400 机器人完成外壳去毛刺处理,通过 MachiningPowerPac 插件对外壳表面路径生成,如图 6 - 44 所示。

1. 创建新的工作站

机器人工作站布局如图 6 - 45 所示,机器人型号采用 IRB4400,负载为 60 kg。

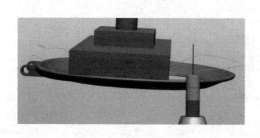

图 6 - 44　外壳去毛刺

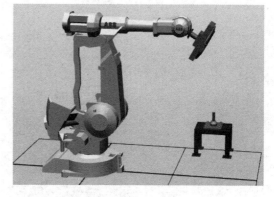

图 6 - 45　机器人工作站布局

2. 打开 Machining PowerPac

打开"Add - Ins"RobotStudio 插件选项卡,打开 Machining PowerPac,如图 6 - 46 所示。

图 6-46 打开 Machining PowerPac

3. 新建工件坐标系

(1) 选择"新建工件坐标系"命令,如图 6-47 所示。

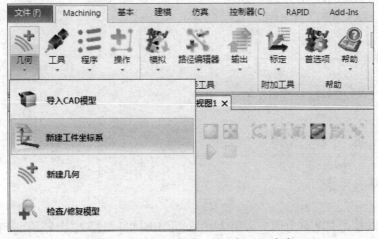

图 6-47 选择"新建工件坐标系"命令

(2) 在"新建工件坐标系"窗口中单击"新建"按钮,创建工件坐标系 Workobject_1,如图 6-48 和图 6-49 所示。

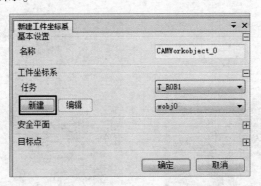

图 6-48 单击"新建"按钮

4. 新建工具

(1) 选择"新建工具"命令,如图 6-50 所示。

(2) 在"新建工具"窗口中单击"新建"按钮,如图 6-51 所示。

(3) 在"新建工具数据"窗口中单击工具坐标框架位置 X、Y、Z 旁边的下拉箭头,捕捉抛光工具的中心点,捕捉点的工具坐标显示在文本框中,单击"Accept"按钮,单击"创建"按钮,如图 6-52 和图 6-53 所示。

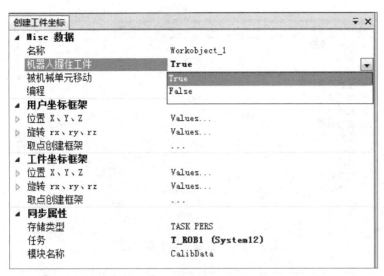

图 6 - 49　"创建工件坐标"窗口

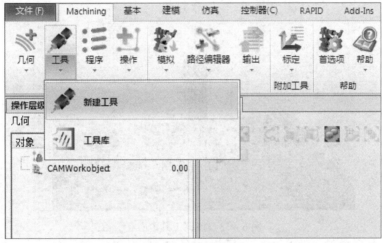

图 6 - 50　选择"新建工具"命令

图 6 - 51　单击"新建"按钮

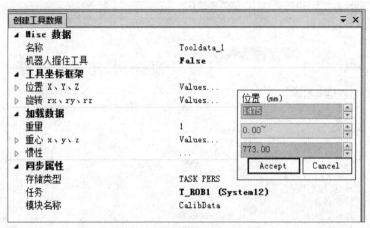

图 6 – 52　"创建工具数据" 窗口

图 6 – 53　捕捉工具中心点

（4）设置加工路径，选择旋转方向与加工方法，如图 6 – 54 所示。

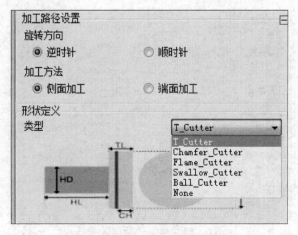

图 6 – 54　设置加工路径和旋转方向

（5）去毛刺刀具的选择，选择 T 形刀具"T_Cutter"，并设置刀具的参数，如图 6 - 55 所示。

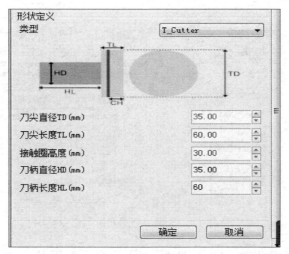

图 6 - 55　选择去毛刺刀具

5. 新建程序

（1）选择"新建程序组"命令，如图 6 - 56 所示。

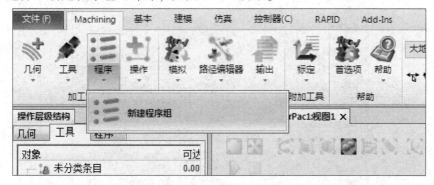

图 6 - 56　选择"新建程序组"命令

（2）在"新建程序组"窗口中，保持默认设置并单击"确定"按钮，如图 6 - 57 所示。

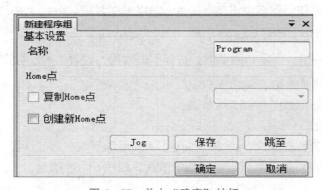

图 6 - 57　单击"确定"按钮

6. 新建几何

（1）选择"新建几何"命令，如图6-58所示。

图6-58 选择"新建几何"命令

（2）在"新建几何"窗口中，选择"设置类型"下拉列表框中的"Intersection Geome"选项，如图6-59所示。

图6-59 设置几何类型

（3）单击 ▦ 按钮，然后单击 ◪ 按钮，指定加工区域。

（4）在3D窗口中，选择外壳的表面，如图6-60所示。

（5）单击 ⫶⫶⫶ 按钮，指定切割平面，选择平面阵列，设置参数，如图6-61所示。

（6）设置切割平面参数，如图6-62所示。

（7）预览加工面，如图6-63所示。

7. 编辑特征曲线

（1）选择"编辑特征曲线"命令，如图6-64所示。

（2）在"编辑特征曲线"窗口中，编辑曲线，如图6-65所示。

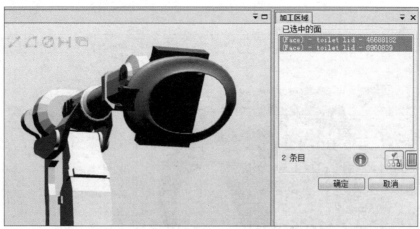

图 6 – 60　选择外壳表面

图 6 – 61　指定切割平面框架

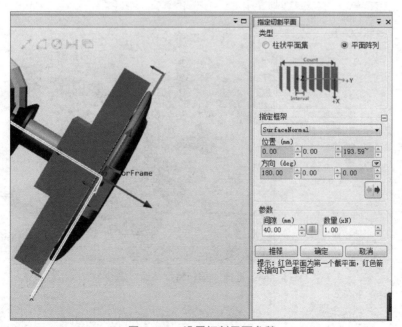

图 6 – 62　设置切割平面参数

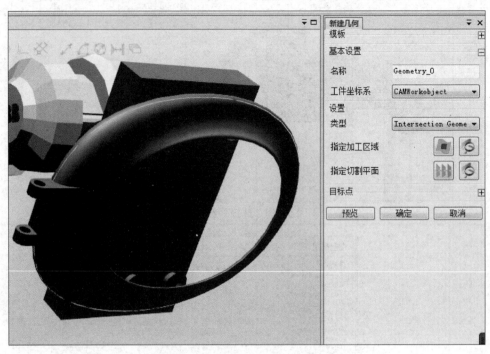

图 6 – 63　预览加工面

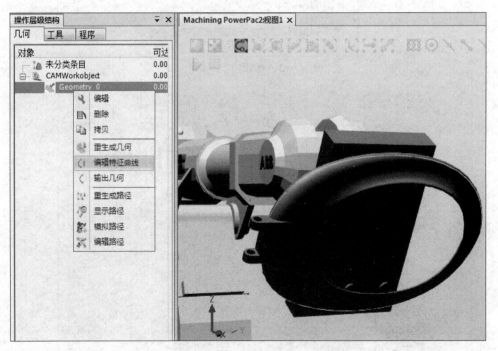

图 6 – 64　选择"编辑特征曲线"命令

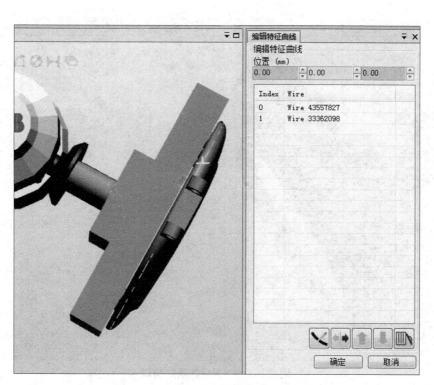

图 6 – 65　编辑曲线

8. 新建操作

（1）选择"新建操作"命令，如图 6 – 66 所示。

图 6 – 66　选择"新建操作"命令

（2）在"新建操作"窗口中，进行设置，如图 6 – 67 所示。

图 6 – 67　"新建操作"窗口

（3）在"刀轴设置"窗口中，进行设置，如图 6 – 68 所示。

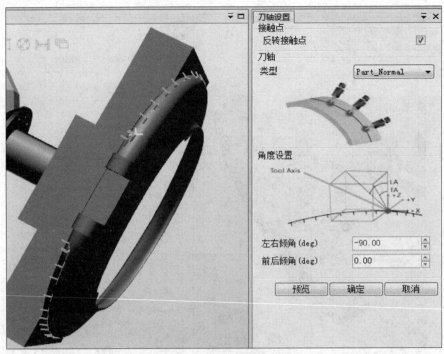

图 6 – 68 "刀轴设置"窗口

（4）在"非加工路径设置"窗口中，选择"连接类型"为 Use_Approach_Dep，如图 6 – 69 所示。

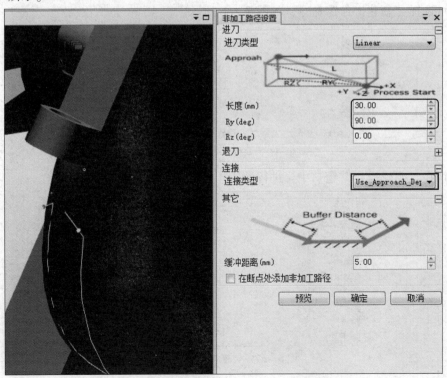

图 6 – 69 选择"连接类型"为 Use_Approach_Dep

（5）单击"确定"按钮返回，然后单击"预览"按钮，加工的路径可以在 3D 图形中预览，并可以预估可达率，如图 6 - 70 所示。

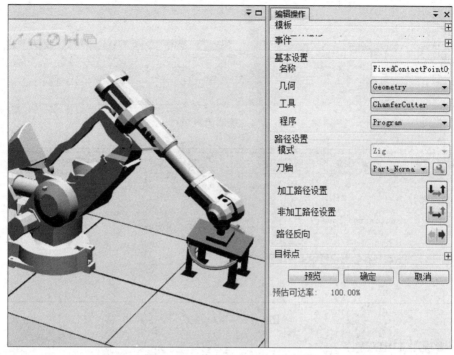

图 6 - 70　单击"确定"按钮返回

9. 模拟路径

（1）选择"模拟"命令，如图 6 - 71 所示。

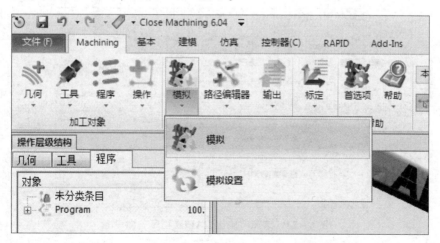

图 6 - 71　选择"模拟"命令

（2）在"快速模拟"窗口中单击"开始"按钮▶，实现快速仿真运行，如图 6 - 72 所示。

（3）在"VC 模拟"窗口中，选择"VC 模拟"实现 VC 仿真运行，如图 6 - 73 所示。

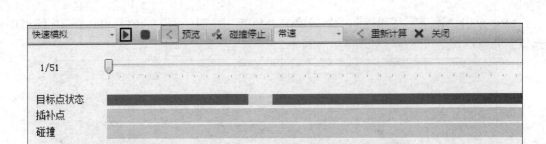

图 6 – 72 快速仿真运行

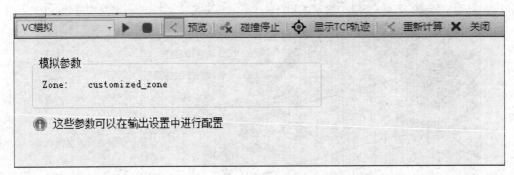

图 6 – 73 VC 模拟

10. 输出 RAPID 程序

（1）选择"输出 RAPID 程序"命令，如图 6 – 74 所示。

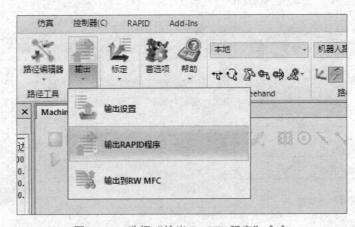

图 6 – 74 选择"输出 RAPID 程序"命令

（2）打开输出文件夹，如图 6 – 75 所示。

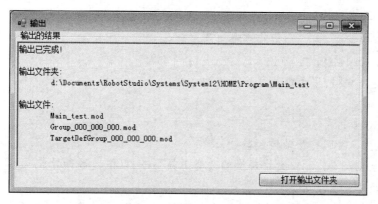

图6-75　打开输出文件夹

11. 程序注解

```
%%%
  VERSION:1
  LANGUAGE:ENGLISH
%%%
MODULE Main_test
  ! Generated by ABB Machining PowerPac - Machining Functionality for
  ! ABB Robot IRB2600_12_165__01
PERS wobjdata Workobject_1:=[TRUE,"",[[0,0,0],[1,0,0,0]],[[0,0,0],
[1,0,0,0]]];! 定义的外壳工件坐标 Workobject_1  工件坐标系是活动的
PERS tooldata Tooldata_1:=[FALSE,,[[0,0.266,128.617],[1,0,0,0]],[1,
[0,0,1E-06],[1,0,0,0],0,0,0]];
! 定义的打磨工具坐标 Tooldata_1  工具坐标系是固定的


VAR speeddata vNC_UDSPEED0:=[50,100,5000,50];
VAR speeddata vNC_UDSPEED1:=[100,200,5000,50];
VAR speeddata vNC_UDSPEED2:=[200,400,5000,50];
VAR speeddata vNC_UDSPEED3:=[400,400,5000,50];
VAR speeddata vNC_UDSPEED4:=[800,400,5000,50];
VAR speeddata vNC_UDSPEED5:=[800,400,5000,50];
! 速度数据
VAR zonedata customized_zone:=[FALSE,1,15,15,1.5,15,1.5];
! 区域数据
PERS string SubFiles{2}:=["_001_006_000","_001_007_000"];
  PERS string FilePath:="HOME/Program/Main_test";
  ! 定义字符串数据,用于加载程序模块的路径
```

```
PERS string FilePrefix: = "Group";
 ! 定义字符串数据,用于加载程序模块的名称
PERS string PathPrefix: = "Path";
 ! 定义字符串数据,用于加载程序模块的名称
PROC Main()
  AccSet 50,50;
  ConfL \On;    ! 打开轴控制监控
  SingArea \Wrist;  ! 允许轻微的改变工具姿态,以便通过奇异点
  FOR i FROM 1 TO 2 DO
    Load \Dynamic,FilePath \File: = "TargetDef" + FilePrefix + SubFiles
{i} + ".mod";
! 根据 i 的值加载 TargetDef Group _001_006_000.mod 模块和 TargetDef Group
! _001_007_000.mod 模块,这两个模块保存的是点位数据
    Load \Dynamic, FilePath \File: = FilePrefix + SubFiles{i} + ".mod";
! 根据 i 的值加载 Group _001_006_000.mod 模块和 Group _001_007_000.mod 模
! 块,这两个模块保存的是运动程序
    TPWrite SubFiles{i};
    % PathPrefix + SubFiles{i}% ;
    UnLoad FilePath \File: = FilePrefix + SubFiles{i} + ".mod";
    ! 卸载模块
    UnLoad FilePath \File: = "TargetDef" + FilePrefix + SubFiles{i} + ".
mod";
    ! 卸载模块
  ENDFOR
  ConfL \Off;   ! 关闭轴控制监控
ENDPROC
ENDMODULE
```

6.5 考 核 评 价

考核任务 1　熟练使用 RobotStudio 插件——MachiningPowerPac

　　要求：熟练使用 RobotStudio 插件——MachiningPowerPac，认识软件的各个界面，通过软件学会新建工件坐标系、工具坐标系，能用专业语言正确流利地展示配置的基本步骤，思路清晰、有条理，能圆满回答教师与同学提出的问题，并能提出一些新的建议。

考核任务2 熟悉表面抛光工艺，使用 RobotStudio 搭建表面抛光工作站

要求：熟悉表面抛光的工艺，使用 RobotStudio 搭建表面抛光工作站，能用专业语言正确流利地展示配置的基本步骤，思路清晰、有条理，能圆满回答教师与同学提出的问题，并能提出一些新的建议。

考核任务3 熟悉外壳去毛刺工艺，使用 RobotStudio 搭建外壳去毛刺工作站

要求：熟悉外壳去毛刺的工艺，使用 RobotStudio 搭建外壳去毛刺工作站，能用专业语言正确流利地展示配置的基本步骤，思路清晰、有条理，能圆满回答教师与同学提出的问题，并能提出一些新的建议。

6.6 扩 展 提 高

扩展任务 了解抛光打磨项目的流程，并编写好程序

要求：了解抛光打磨项目的流程，并编写好程序，能用专业语言正确流利地展示配置的基本步骤，思路清晰、有条理，能圆满回答教师与同学提出的问题，并能提出一些新的建议。

项目 7

工业机器人系统集成与典型应用——铣削加工

7.1 项目描述

项目 7 工业机器人
系统集成—铣削加工

本项目内容包括：机器人离线编程软件的应用场合；机器人离线编程软件；KUKA 机器人安全接口；KUKA 机器人工具坐标的测量、机器人对刀系统、变位机位置数据的测量方法和偏置式寻边器的使用。

7.2 教学目的

通过本项目的学习，掌握 KUKA 机器人工具坐标的创建和安全接口的接线方法。了解机器人铣削加工中的工作流程，掌握使用千分表和寻边器这两种测量仪器的方法。了解机器人离线编程软件 SprutCam，能使用离线编程软件 SprutCam 生成 KUKA 机器人加工路径的代码，使 KUKA 机器人能完整地铣削出一个简单的工件。

7.3 知识准备

7.3.1 KUKA 三维加工机器人项目的主要组成单元介绍

KUKA 机器人工作站布局，如图 7－1 所示。

7.3.2 机器人离线编程软件的应用场合

机器人离线编程软件应用场合：机器人打磨、机器人切割、机器人喷涂、机器人焊接、机器人铣削、机器人雕刻和机器人 3D 打印等。

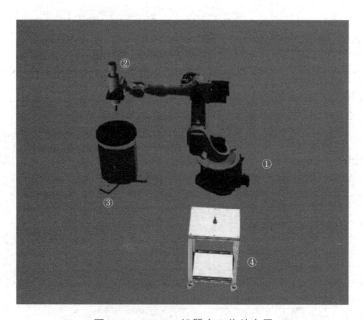

图 7 - 1　KUKA 机器人工作站布局
①—KUKA KR16 - 2 机器人；②—主轴；
③—KUKA KP1 - V 变位机；④—对刀仪。

7.3.3　机器人离线编程软件介绍

SprutCAM 是一个 32 位的应用程序，它可应用于 Windows 95/98/NT/2000/XP 操作系统中。无论用户使用何种机床、零件多么复杂，利用它，都可以轻松自如地生成想要的 NC 程序。通过导入功能，SprutCAM 可以很容易地与其他 CAD 系统集成在一起。它可导入的文件格式包括 IGES、DXF、PostScript、STL 和 3DM。

SprutCAM 支持多种几何信息的表示，包括不连续线、三角形网格面、NURBS 曲线和曲面，从而保证了导入的几何模型具有高度可靠性。

对导入的模型可做一些必要修改，完善的 3D 几何创建功能使用户可以创建附加的几何，以便更好地定义加工。

丰富的加工操作类型及参数管理功能，使用户可以得到最优化的加工处理。参数的自动选择功能可以最大限度地减少用户的编程时间。

具有按表面粗糙度高度加工的能力，智能化的自动定义功能以及针对残留区域的余量加工，可以省去技术人员很多的日常工作。

在实际加工之前可先在 SprutCAM 中进行模拟，以发现和减少错误，这可以最大限度地节省用户的时间、材料和成本。

通过通用后置处理器，可以很容易地得到适用于任何控制系统的 NC 程序。

7.3.4 KUKA 机器人安全接口介绍

安全门可与机器人通信，完全自动模式开闭，可以保护工作人员与机器。当安全门打开时，机器人及相关设备停止工作，防止无关人员误闯，保护人员人身安全。

这里通过安全接口 X11 连接好安全门、外部急停等安全装置。

"操作人员防护装置"信号用于锁闭隔离性防护装置，如防护门，没有此信号，就无法使用自动运行方式。如果在自动运行期间出现信号缺失的情况，如防护门被打开，则机械手将安全停机。在手动慢速运行方式（T1）和手动快速运行方式（T2）下，操作人员防护装置未激活。机器人 X11 安全（部分）接口如图 7 - 2、图 7 - 3 所示。

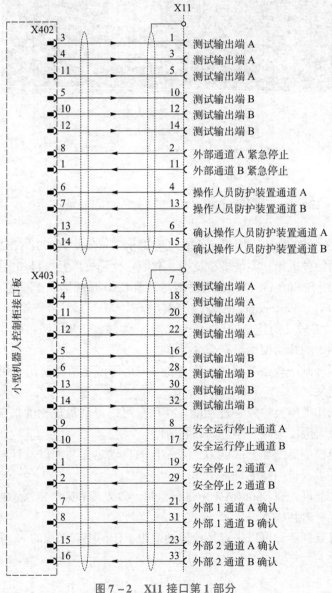

图 7 - 2　X11 接口第 1 部分

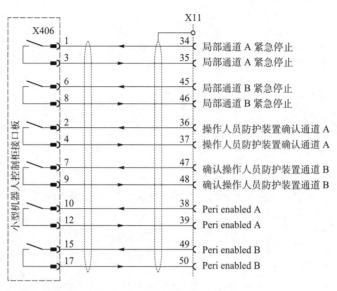

图 7 – 3　X11 接口第 2 部分

X11 安全接口详细介绍如表 7 – 1 所示。

表 7 – 1　X11 安全接口详细介绍

信　号	针　脚	说　明	备　注
测试输入端 A	1/3/5/7/18/20/22	向信道 A 的每个接口输入端供应脉冲电压	
测试输入端 B	10/12/14/16/28/30/32	向信道 B 的每个接口输入端供应脉冲电压	
信道 A 外部紧急停止	2	紧急停止，双信道输入端，最大 24 V	在机器人控制系统中触发紧急停止功能
信道 B 外部紧急停止	11		
操作人员防护装置信道 A	4	用于防护门闭锁装置的双信道连接，最大 24 V	只要该信号处于接通状态就可以驱动装置，仅在自动模式下有效
操作人员防护装置信道 B	13		
确认操作人员防护装置信道 A	6	用于连接带无电势触电的确认操作人员防护装置的双信道输入端	可通过 KUKA 系统软件配置确认操作人员防护装置输入端的行为。在关闭安全门（操作人员防护装置）后，可在自动运行方式下在安全门外面用"确认"键接通机械手的运行
确认操作人员防护装置信道 B	15		

219

信 号	针 脚	说 明	备 注
安全运行停止信道 A	8	各轴的安全运行停止输入端	激活停机监控超出停机监控范围时导入停机 0
安全运行停止信道 B	17		
安全停止 Stop 2 信道 A	19	安全停止 Stop 2（所有轴）输入端	各轴停机时触发安全停止 2 并激活停机监控。超出停机监控范围时导入停机 0
安全停止 Stop 2 信道 B	29		
外部 1 信道 A 确认	21	用于连接外部带有无电势触点的双信道确认开关 1	如果未连接外部确认开关 1，则必须桥接信道 A pin 20/21 和信道 pin 30/31。仅在测试运行方式下有效
外部 1 信道 B 确认	31		
外部 2 信道 A 确认	23	用于连接外部带有无电势触点的双信道确认开关 2	如果未连接外部确认开关 2，则必须桥接信道 A pin 22/23 和信道 pin 32/33。仅在测试运行方式下有效
外部 2 信道 B 确认	33		
局部信道 A 紧急急停	34	输入端，内部紧急停止的无电势触点	满足以下条件触点闭合：①SmartPad 上紧急停止未操作；②控制系统已接通并准备就绪。如有条件未满足，则触点打开
	35		
局部信道 B 紧急急停	45		
	46		
操作人员防护装置信道 A	36	输出端，接口 1 确认操作人员防护装置无电势触电	确认操作人员防护装置的输入信号转接至在同一护栏上的其他机器人系统控制
	37	输出端，接口 2 确认操作人员防护装置无电势触电	
操作人员防护装置信道 B	47	输出端，接口 1 确认操作人员防护装置无电势触电	
	48	输出端，接口 2 确认操作人员防护装置无电势触电	

带紧急停止机器人控制系统 X11 接口接线图，如图 7－4 所示。

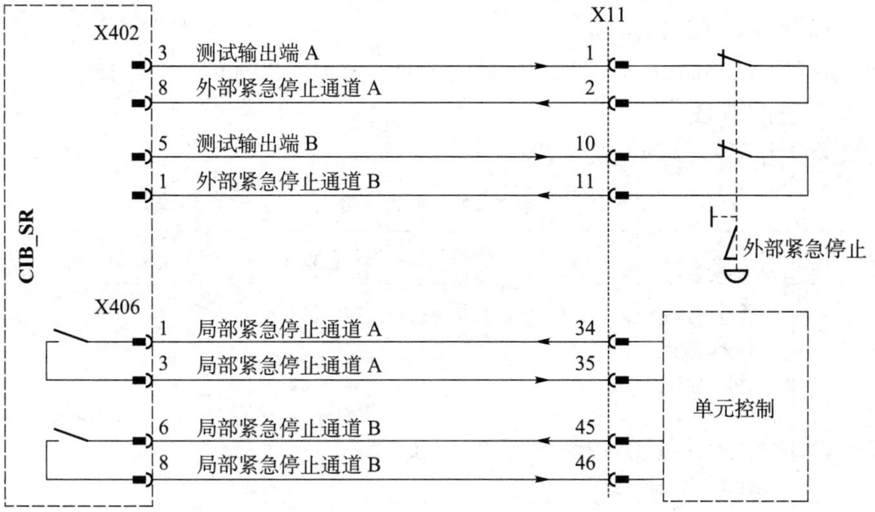

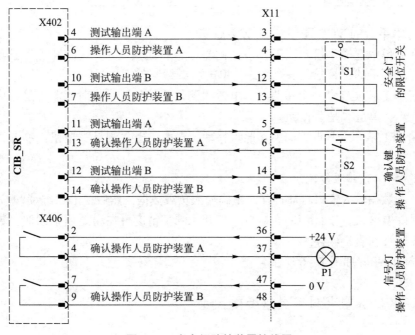

图 7－4　紧急停止系统接线图

带安全护栏机器人控制系统 X11 接口接线图，如图 7－5 所示。

图 7－5　安全门防护装置接线图

7.3.5　KUKA 机器人工具坐标的测量

测量工具意味着生成一个工具参照点为原点的坐标系。该参照点被称为 TCP（Tool Center Point，工具中心点），该坐标系即为工具坐标系。

工具测量包括以下两方面内容。

（1）TCP（坐标系原点）的测量。

（2）坐标系姿态/朝向的测量。

注意：最多可以存储 16 个工具坐标系（变量：TOOL_DATA［1…16］）。

1. 工具测量的方法

工具测量分为表 7 – 2 所列的两步。

表 7 – 2　工具测量

步骤	说　明
1	确定工具坐标系的原点可选择以下方法： *XYZ* 4 点法 *XYZ* 参照法
2	确定工具坐标系的姿态可选择以下方法： *ABC* 世界坐标法 *ABC* 2 点法
或者	直接输入至法兰中心点的距离值（*X*, *Y*, *Z*）和转角（*A*, *B*, *C*） 数字输入

2. 针对本平台的 TCP 测量的 *XYZ* 4 点法

（1）在菜单中选择"投入使用"→"测量"→"工具"→"*XYZ* 4 点"选项。

（2）为待测量的工具分配一个名称，单击"继续"按钮。

（3）用 TCP 移至任意一个参照点，单击"测量"按钮，弹出对话框"是否应用当前位置继续测量?"，单击"是"按钮。

（4）用 TCP 从一个其他方向朝参照点移动，再次单击"测量"按钮，单击"是"按钮即可。

（5）把第（4）步重复两次。

（6）负载数据输入窗口自动打开，正确输入负载数据，然后单击"继续"按钮。

包含测得 TCP *X*, *Y*, *Z* 值的窗口自动打开，测量精度可在误差项中读取，数据可通过单击"保存"按钮直接保存。

工具测量的步骤如图 7 – 6 所示。

7.3.6　KUKA 机器人对工具坐标的测量

基坐标系测量表示根据世界坐标系在机器人周围的某一个位置上创建坐标系。其目的是使机器人的运动以及编程设定的位置均参照该坐标系。因此，工件支座和抽屉的边缘、货盘或机器的外缘均可作为基准坐标系中合理的参照点。

基坐标系测量，如图 7 – 7 所示，分为以下两个步骤。

（1）确定坐标原点。

（2）定义坐标方向。

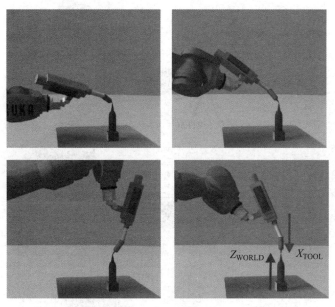

图7-6　工具测量

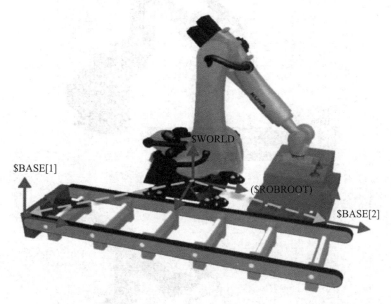

图7-7　基坐标测量

测定了基坐标后有以下优点。

（1）沿着工件边缘移动：可以沿着工作面或工件的边缘手动移动 TCP，如图7-8所示。

（2）参照坐标系：用于示教的点以所选的坐标系为参照，如图7-9所示。

（3）坐标系的修正/推移：可以参照基坐标对点进行示教。如果必须推移基坐标，如由于工作面被移动，这些点也随之移动，不必重新进行示教，如图7-10所示。

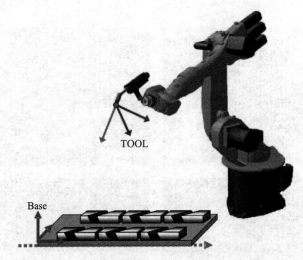

图 7 - 8　移动方向

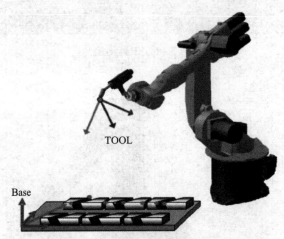

图 7 - 9　以所需坐标系为参照

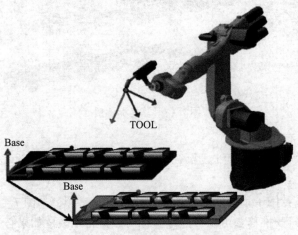

图 7 - 10　基坐标系的位移

（4）多个基坐标系的益处：最多可建立 32 个不同的坐标系，并根据程序流程加以应用，如图 7 - 11 所示。

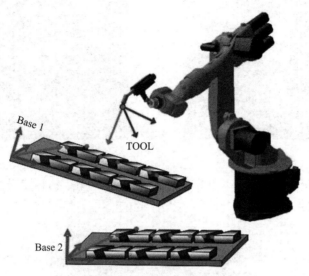

图 7 - 11   使用多个基坐标系

基坐标测量的方法如表 7 - 3 所示。

表 7 - 3   基坐标的测量方法

方法	说 明
3 点法	（1）定义原点 （2）定义 X 轴正方向 （3）定义 Y 轴正方向（XY 平面）
间接法	当无法移至基坐标原点时，如由于该点位于工件内部或位于机器人工作空间之外时，须采用间接法。此时须移至基坐标的 4 个点，其坐标值必须已知（CAD 数据）。机器人控制系统根据这些点计算基坐标
数字输入	直接输入至世界坐标系的距离值（X，Y，Z）和转角（A，B，C）

点法操作步骤如下。

（1）在主菜单中选择"投入运行"→"测量"→"基坐标"→"3 点"选项。

（2）为基坐标分配一个号码和一个名称。单击"继续"按钮确认。

（3）输入需用其 TCP 测量基坐标的工具编号。单击"继续"按钮确认。

（4）用 TCP 移到新基坐标系的原点。单击"测量"按钮并单击"是"按钮确认位置，如图 7 - 12 所示。

（5）将 TCP 移至新基坐标系正向 X 轴上的一个点。单击"测量"按钮并单击"是"按钮确认位置，如图 7 - 13 所示。

图 7 - 12   第一个点：原点

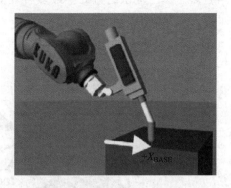

图 7 - 13   第二个点：X 向

（6）将 TCP 移至 XY 平面上一个带有正 Y 值的点。单击"测量"按钮并单击"是"按钮确认位置，如图 7 - 14 所示。

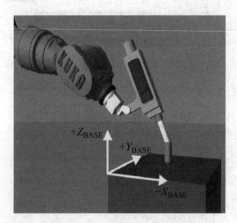

图 7 - 14   第二个点：Y 向

（7）单击"保存"按钮。

（8）关闭窗口。

7.3.7 机器人对刀系统介绍

1. 对刀仪的工作原理

对刀仪的核心部件是由一个高精度的开关（测头），一个高硬度、高耐磨的硬质合金四面体（对刀探针）和一个信号传输接口器组成。四面体探针是用于与刀具进行接触，并通过安装在其下的挠性支撑杆，把力传至高精度开关；开关所发出的通、断信号，通过信号传输接口器传输到机器人控制系统。对刀仪如图 7 - 15 所示。

2. 对刀系统的工作流程

对刀系统的工作流程如图 7 - 16 所示。

3. 对刀仪与机器人信号的连接

对刀仪与机器人信号的连接见表 7 - 4。

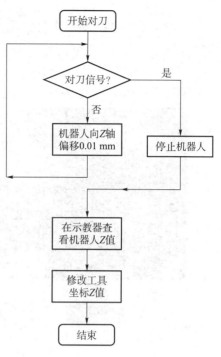

图7-16 工作流程

图7-15 对刀仪

表7-4 信号表

输出	输入
对刀仪输出信号（常闭）	机器人 In 1

4. 机器人对刀程序

```
DEF OnTheKnife( )
 INI;初始化
 PTP HOME  Vel =100％ DEFAULT;回到 Home 点位置
 DECL E6 POS XPwrok;定义位置变量
 PTP P1 CONT Vel =30％ PDAT1 Tool[1]:GarbTool Base[1]:MaterielBase
 ;机器人移动刀对刀上方距离300 mm 位置
 XPwrok =xP1;将 P1 的数据赋给 Xpwrok
 WHILE $IN[1] ==TRUE   ;当对刀仪没有输出到位信息时
    XPwrok.z =XPwrok.z +0.01;XPwrok 的 Z 数据 -0.01
    LIN XPwrok Vel =0.5 m/s CPDAT1 Tool[1]:GarbTool Base[1]:Materiel-
Base;移动刀 XPwrok 位置
 ENDWHILE
 LIN P1 CONT Vel =0.5 m/s CPDAT1 Tool[1]:GarbTool Base[1]:Materiel-
Base;机器人移动刀对刀上方距离300 mm 位置
```

```
PTP HOME  Vel=100% DEFAULT;回到 Home 点位置
END
```

5. 对刀仪与机器人的使用方法

机器人对刀如图 7 – 17 所示。

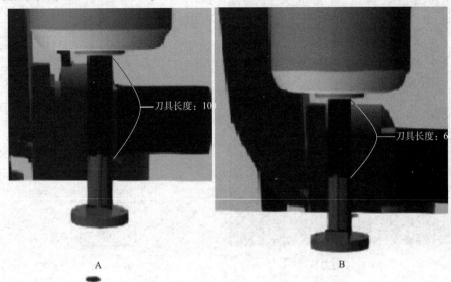

图 7 – 17　机器人对刀

注：图 7 – 17 中，A 为机器人工具坐标 Tool［1］对刀；B 为机器人换刀后对刀。

1）确认当前工具坐标数据

当前 Tool［1］数据：$X = 305.432\ 211$、$Y = 2.655\ 059$、$Z = 135.499\ 725$、$A = -89.512\ 785$、$B = 89.501\ 839$、$C = -90.010\ 946$。

2）使用工具坐标 Tool［1］对刀，读取 Z 数据

A 对刀到位，机器人以基坐标显示当前位置 Z 的数据：$Z = 808.032\ 912$。

3）使用更换的刀进行对刀

B 对刀到位，机器人以基坐标显示当前位置 Z 的数据：$Z = 768.065\ 912$。

4）计算更换刀与 Tool［1］Z 的差值

A 对刀值 – B 对刀值 $= 39.967$。

5）计算 Tool［1］的 Z 数据值

对刀后 Tool［1］的 Z = 对刀前 Tool［1］的 Z – 更换刀与 Tool［1］Z 的差值。

$135.499\ 725 - 39.967 = 95.532\ 725$

6）在示教器内更改工具坐标 Tool［1］数据

Tool［1］数据：$X = 305.432\ 211$、$Y = 2.655\ 059$、$Z == 95.532\ 725$、$A = -89.512\ 785$、$B = 89.501\ 839$、$C = -90.010\ 946$。

7.3.8　变位机位置数据的测量

首先需要准备一个千分表（精度为 0.001 mm），将其安装在机器人的法兰或工具上。

然后通过变位机测量公式和偏差角度计算公式，计算出变位机与机器人基坐标系偏差数据。

1. 千分表的使用方法

（1）将表固定在表座或表架上，稳定可靠。装夹指示表时，夹紧力不能过大，以免套筒变形卡住测杆。

（2）调整表的测杆轴线垂直于被测平面，对圆柱形工件，测杆的轴线要垂直于工件的轴线；否则会产生很大的误差并损坏指示表。

（3）测量前调零位。绝对测量用平板做零位基准，比较测量用对比物（量块）作为零位基准。调零位时，先使测头与基准面接触，压测头使大指针旋转大于一圈，转动刻度盘使 0 线与大指针对齐，然后把测杆上端提起 1~2 mm 再放手使其落下，反复 2~3 次后检查指针是否仍与 0 线对齐，如不齐则重调。

（4）测量时，用手轻轻抬起测杆，将工件放入测头下测量，不可把工件强行推入测头下。显著凹凸的工件不用指示表测量。

（5）不要使测量杆突然撞落到工件上，也不可强烈震动、敲打指示表。

（6）测量时注意表的测量范围，不要使测头位移超出量程，以免过度伸长弹簧，损坏指示表。

（7）不要使测头跟测杆做过多无效的运动；否则会加快零件磨损，使表失去应有精度。

（8）当测杆移动发生阻滞时，不可强力推压测头，须送计量室处理。

2. 变位机点位水平测量

通过公式能得出当前测量点的实际高度。

测量公式：测量点示教器显示 Z 数据 + 千分表数据 = 测量点实际 Z 数据

千分表数据如图 7 - 18 所示。

图 7 - 18　千分表数据

测量点位置如图 7 - 19 所示。

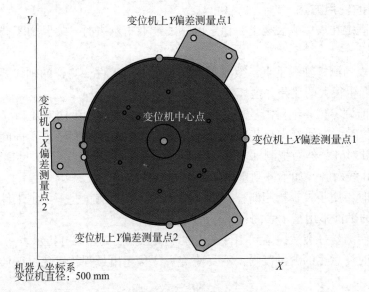

图 7 - 19　测量点位置

3. 水平偏差角度的计算公式

角度数据计算公式：角度（Grctan（对边数据/邻边数据））

用 Excel 表显示角度数据，如图 7 - 20 所示。

邻边	对边	角度
390	5.616	0.825002204

图 7 - 20　**Excel 表显示角度数据**

公式数据示意图，如图 7 - 21 所示。

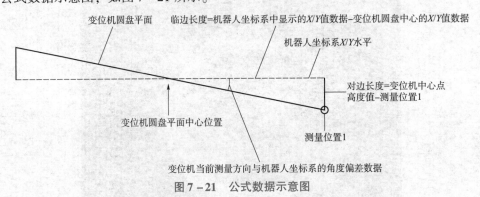

图 7 - 21　**公式数据示意图**

7.3.9　偏置式寻边器的使用

（1）φ10 mm 的直柄可以安装在切削夹头或钻孔夹头上。

（2）用手指轻压测定子的侧边，使其偏心 0.5 mm。

（3）使其以 400 ~ 600 rad/min 的速度转动。

（4）弹簧力较小，可以避免小铣刀或小钻头断裂。

（5）使测定子与加工件的端面相接触，一点一点地触碰移动，就会达到全接触状态，测定子不会震动，保持静止的状态，如果此时加上外力，测定子就会偏移出位，此处滑动的起点就是所要求的基准位置。

（6）加工件本身的端面位置，就是加上测定子半径 5 mm 的坐标位置。

7.4　任　务　实　现

任务 1　使用 SprutCAM 软件生成机器人加工路径程序

本次 SprutCAM 软件内使用的模型是 KUKA KR16 – 2 机器人和 KUKA KP1 – V 变位机（变位机距离机器人基坐标的距离为 1 250 mm）。

（1）在"模型"选项界面内，单击"导入"按钮，导入加工工件（圆环.stp），如图 7 – 22 所示。

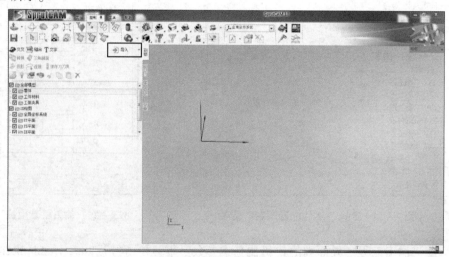

图 7 – 22　单击"导入"按钮

（2）等待 SprutCAM 软件加载，如图 7 – 23 所示。

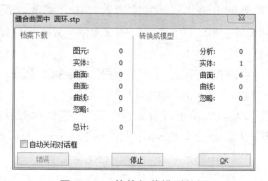

图 7 – 23　等待加载模型数据

（3）在"加工工程"界面内的"机器及工件设定"下，选择"工件位置设定"选项，设定机器人基坐标与工件的相对位置，如图 7-24 所示。

（4）将工件的位置 $X=2\,150$、$Y=0$、$Z=52$、$Rx=0$、$Ry=0$、$Rz=0$，输入至对应的参数中后，单击"OK"按钮，如图 7-25 所示。

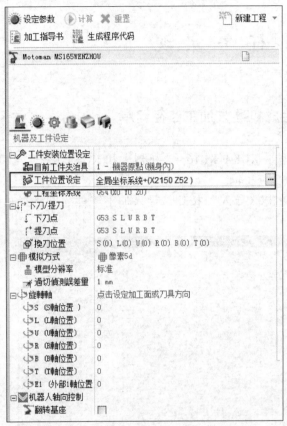

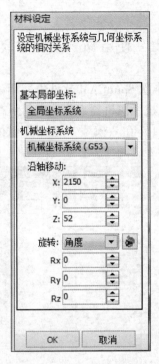

图 7-24 选择"工件位置设定"选项　　　　图 7-25 输入位置数据

（5）在"加工工程"界面内的"机器基本参数"下，单击打开 Rotary table posit，为变位机的中心位置输入数据：$X=2\,150$ mm、$Y=0$ mm、$Z=-23$ mm、$Rx=0°$、$Ry=0°$、$Rz=0°$，如图 7-26 所示。

（6）在"加工工程"界面内的"机器基本参数"中，单击打开"刀具"，为机器人加工的工具坐标输入数据：$X=-205.44$、$Y=-9$、$Z=88$、$Rx=90$、$Ry=-180$、$Rz=-90$，如图 7-27 所示。

（7）在"加工工程"界面内，单击"新建工程"，选择"粗加工"选项，选择"等高粗加工"选项后，单击"建立"按钮，如图 7-28 所示。

（8）在"加工工程"界面内，单击"等高粗加工"，选择"刀具"选项，将使用的刀具数据输入：刀具种类=端铣刀、直径=20 mm、长度=200 mm、刀刃长度=50 mm，如图 7-29 所示。

图 7-26　输入变位机数据

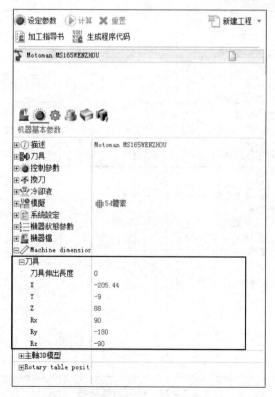

图 7-27　输入工具数据

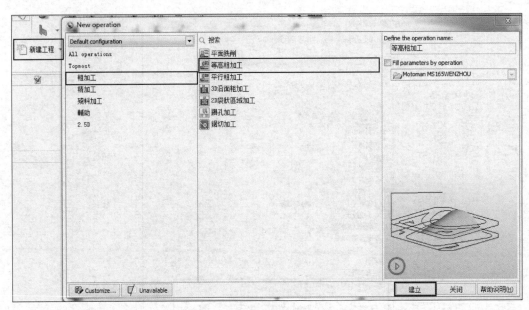

图 7 - 28　建立等高粗加工

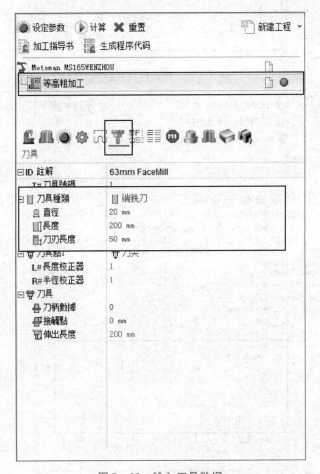

图 7 - 29　输入刀具数据

（9）设置完刀具数据后，单击"计算"按钮，生成模拟粗加工的加工路径，如图 7 - 30 所示。

图 7 - 30　生成模拟加工路径

（10）在"模拟"界面内，单击"等高粗加工"，单击"播放"按钮。观察机器人加工的路径，等待加工完成后，查看等高粗加工后是否为绿钩，如若不是请检查参数设置是否正确，如图 7 - 31 所示。

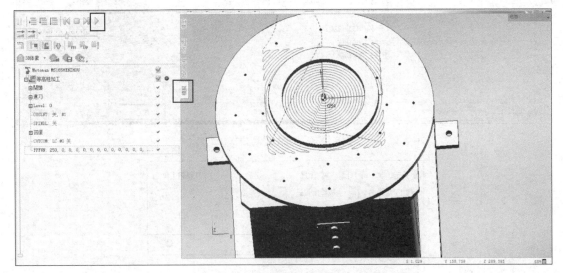

图 7 - 31　模拟等高粗加工

（11）在"加工工程"界面内，单击"新建工程"，选择"精加工"选项，选择"等高精加工"选项后，单击"建立"按钮，如图 7 - 32 所示。

（12）在"加工工程"界面内，单击"等高精加工"，选择"刀具"选项，将使用的刀具数据输入：刀具种类 = 端铣刀、直径 = 10 mm、长度 = 200 mm、刀刃长度 = 30，如图 7 - 33 所示。

（13）设置完刀具数据后，单击"计算"按钮，生成等高精加工模拟加工路径，如图 7 - 34 所示。

（14）在"模拟"界面内，单击"等高精加工"，单击"播放"按钮。观察机器人加工的路径，等待加工完成后，查看等高精加工后是否为绿钩，如若不是请检查参数设置是否正确，如图 7 - 35 所示。

（15）等高精加工完成后，选择"查看加工误差"选项，查看精加工完成后，工件的加工精度是否达到加工标准，如图 7 - 36 所示。

（16）确认加工达到标准后，回到"加工工程"界面内，单击"生成程序代码"按钮，如图 7 - 37 所示。

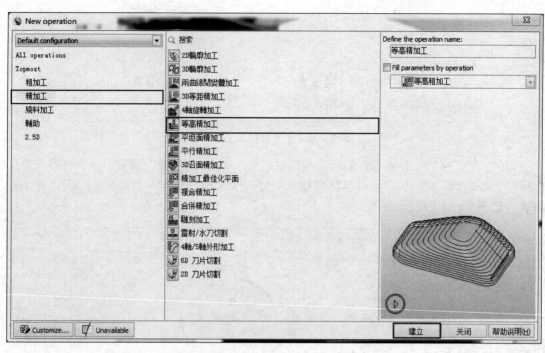

图 7 – 32 建立等高精加工

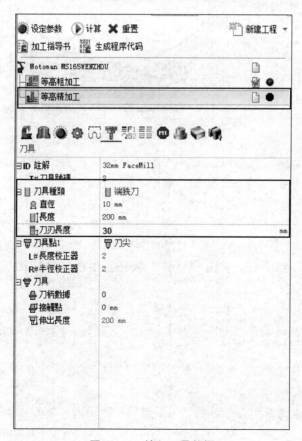

图 7 – 33 输入刀具数据

图7-34　生成模拟加工路径

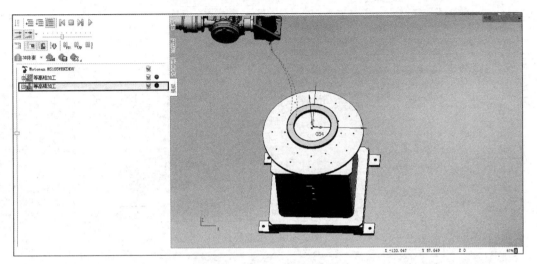

图7-35　模拟等高精加工

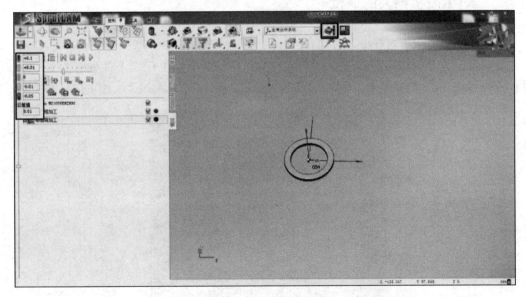

图7-36　查看加工误差

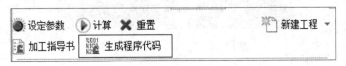

图7-37　单击"生成程序代码"按钮

（17）选择生成 KUKA 机器人的后处理文件，选择程序保存位置后，单击"计算"按钮，确认无误后单击"退出"按钮，如图 7-38 所示。

图 7-38　生成程序

任务 2　KUKA 机器人的调试

（1）铝块铣削使用铝合金 2 刃铣刀。

（2）设定当前工具的工具坐标为 Tool［1］，在加工毛坯上设定工件坐标为 Base［1］（由于选的两把刀的长度都是 200 mm，所以只需要创建一个工具坐标），如图 7-39 所示。

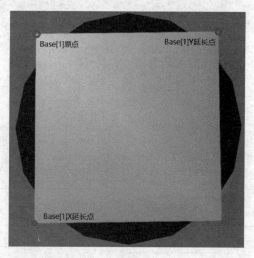

图 7-39　工具坐标 Base［1］

（3）找到 SprutCAM 生成的 KUKA 机器人程序，将程序内的工具、工件坐标修改为 Tool［1］、Base［1］。

（4）将程序复制到 U 盘，复制到 KUKA 示教器中，如图 7 – 40 所示。

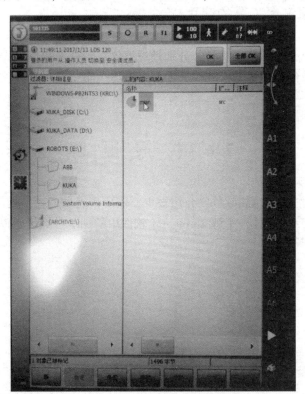

图 7 – 40　KUKA 示教器

（5）需要将粗加工程序和精加工程序分开，由于铣削系统内没有加入自动换刀系统，所以只有运行具体程序时手动换相应刀。

（6）使用示教器手动模式控制程序，确保路径没有问题。

（7）根据实际情况调整主轴转速、机器人移动速度。

7.5　考 核 评 价

考核任务 1　掌握 KUKA 机器人创建工具坐标和工具坐标的方法

通过本项目知识准备内的 7.3.5 节和 7.3.6 节，了解创建工具坐标和工件坐标的原理，并结合实际操作 KUKA 机器人创建一个工具坐标和一个工件坐标。

考核任务 2　连接 KUKA 安全接口

通过知识准备内的 7.3.4 节的介绍，将 KUKA 安全接口接好，并要求有安全门保护装置和多个急停开关。

考核任务 3　掌握测量工具的使用

本项目总共介绍了 3 种使用工具，分别是对刀仪、千分表和偏置式寻边器。3 种工具的原理和使用方法以及配合使用的公式，文中都有讲述。希望读者认真阅读，能够熟练掌握，快速地测量出数据。

7.6　扩　展　提　高

由于本项目中对 SprutCAM 软件的介绍很少，需要读者课后大量查阅资料、观看教学视频，学会使用 SprutCAM 软件，了解 SprutCAM 软件中的加工参数设定以及机器人位置参数、工具坐标数据的设定等内容。

项目 8

工业机器人系统集成——综合应用

项目8 工业机器人
系统集成—综合应用

8.1 项目描述

本项目的主要内容包括：ABB 多功能机器人工作站的自动分拣、自动码垛功能；吸嘴工具的使用、工具坐标的建立、I/O 配置。

8.2 教 学 目 的

通过本项目的学习，让读者学会机器人自动分拣、机器人自动码垛，掌握 ABB 工业机器人程序的编写技巧。本项目内容是工业机器人的综合应用，是对工业机器人应用的提升，学生需结合前面项目的基础知识巩固提高。

8.3 知 识 准 备

8.3.1 ABB 多功能机器人工作站主要组成单元介绍

ABB 多功能机器人工作站是结合实际工厂的自动化工作场景，以 ABB 工业机器人本体为基础，集成了自动拧螺丝组件、分拣组件和搬运码垛组件，如图 8 - 1 所示。

8.3.2 ABB 机器人在各大领域中的应用

随着机器人的发展，机器人在产品装配中得到了快速的应用。在汽车、电子、仪表等领域均有广泛的应用，涉及汽车零部件的装配、电子产品的装配等。采用机器人自动锁螺丝可以大幅提高生产效率、节省劳动成本、提高定位精度并降低装配过程中的产品损坏率。ABB 机器人如图 8 - 2 所示。

图 8 - 1 ABB 自动锁螺丝机器人工作站
①—自动拧螺丝模块；②—智能分拣模块；③—智能码垛文件。

图 8 - 2 ABB 机器人

8.3.3 机器人智能分拣工艺介绍

随着时代的发展，高效、快速是生产技术追求的主要目标，为解放更多的劳动力，提高生产效率，减少生产成本，缩短生产周期，工业机器人与视觉系统结合的智能分拣系统便应运而生，它可以代替人工进行货物分类、搬运和装卸工作或代替人类搬运危险物品。

ABB 机器人多功能工作站的智能分拣是结合实际工厂使用和相应的自动化工作场景，以 ABB 工业机器人本体为基础的实训平台，具体工艺步骤如下。

先通过转盘高速旋转打散物件，再用机械臂通过摄像头识别"分拣识别区 1"的物件位置，然后通过吸盘把"分拣识别区 1"的物件搬运到"分拣识别区 2"，通过"分拣识别区 2"的摄像头判断物件的形状、颜色、大小及精确位置，再把物件放到"分拣放料区"相应位置。如果在"分拣识别区 1"未找到物件，则"转盘"缓慢旋转，直到在"分拣识别区 1"找到物料或程序复位，如图 8 - 3 所示。

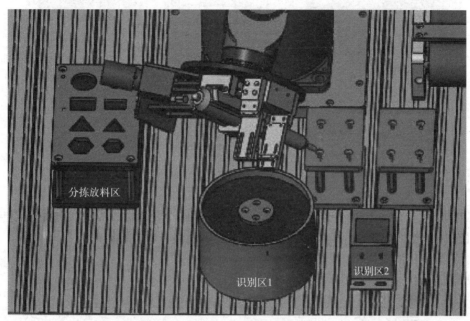

图 8 - 3　分拣工作区

8.3.4　机器人智能码垛工艺介绍

码垛，用很通俗的语言来说，就是将物品整齐地堆放在一起，起初都是由人工进行，随着时代的发展，人类已经慢慢地退出了这个舞台，取而代之的是机器人，机器人码垛的优点是显而易见的。从近期看，使用机器人刚开始投入的成本会很高，但是从长期的角度来看，使用机器人还是有很多优势的。从工作效率来说，机器人码垛不仅速度快、美观，而且可以不间断地工作，大大提高了工作效率；人工码垛还存在很多危险性，机器人码垛，可以效率和安全两手一起抓；机器人的适用范围更广。

ABB 机器人多功能工作站的智能分拣是结合工厂实际的自动化工作场景，以 ABB 工业机器人本体为基础的实训平台，具体工艺步骤如下。

机器人移动到传送带的上方，通过摄像头拍照识别物件的位置情况，机器人上的吸盘将物件码垛到物料区 1 和物料区 2，如图 8 - 4 所示。

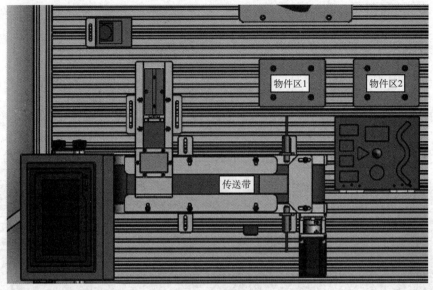

图 8 - 4　码垛工作区

8.3.5　创建工具坐标

工具坐标（TCP）是机器人运动的基准。机器人的工具坐标系是由工具中心点与坐标方位组成，机器人联动时，工具坐标系是必需的。

1. 工具坐标的设定

设置工具坐标，如图 8 - 5 所示。

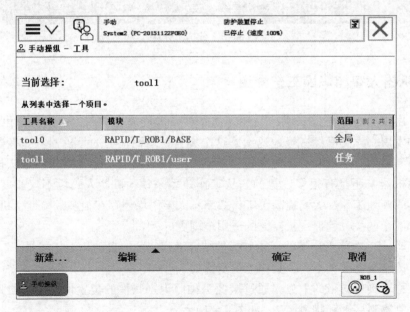

图 8 - 5　建立一个新的工具数据 tool1

选择 tool1，在"编辑"菜单中，选择"定义"命令，如图 8-6 所示。

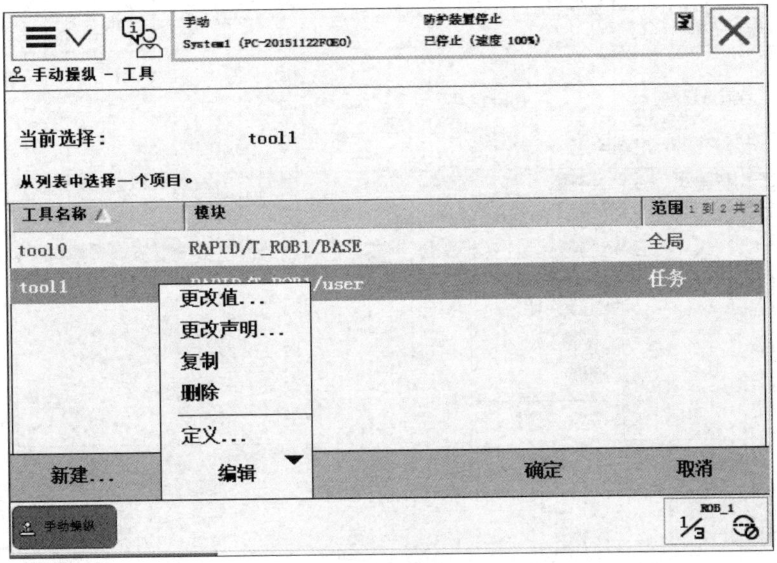

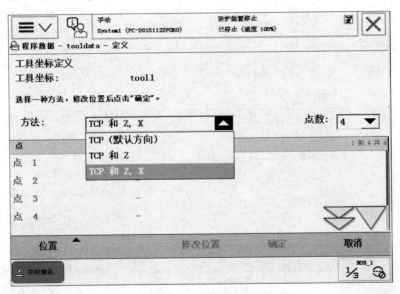

图 8-6　选择"定义"命令

单击"方法"下拉列表，选择"TCP 和 Z，X"选项，单击"确定"按钮，如图 8-7 所示。

图 8-7　选择"TCP 和 Z，X"选项

使用示教器移动机器人以 4 种不动姿态，让参考点 A 和参考点 B 接触（切记要单击修改位置，保存每个点的位置数据）。

2. 工具坐标的设置

在"编辑"菜单中，选择"定义"命令，如图 8-8 所示。

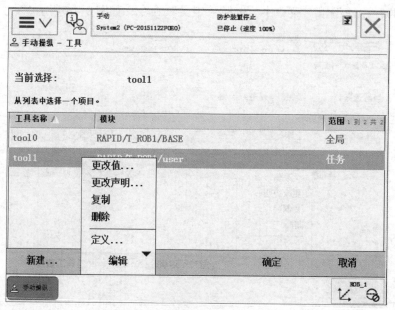

图 8-8 选择"定义"命令

在 mass "值"输入真实工具重量，如图 8-9 所示。

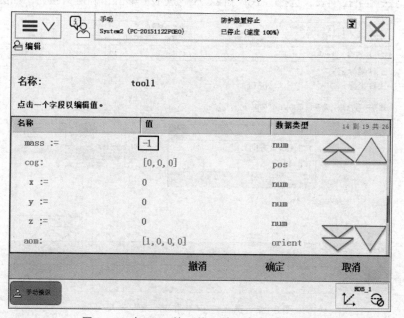

图 8-9 在 mass 的"值"输入真实工具重量

3. 工具坐标的确认

先将"动作模式"选定为"重定位"，再将"坐标系"选定为"工具"，最后将工具坐标选定为自行创建的坐标，如图 8-10 所示。

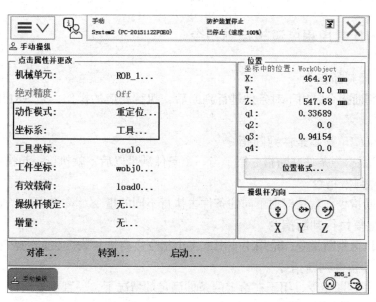

图8-10 设置动作模式

手动操作机器人进行重定位运动，检验一下新创立的工具坐标tool1的精度。如果工具坐标设定精确的话，可以看到工具参考点与固定点始终保持接触，而机器人会根据重定位操作改变姿态。

8.3.6 TRAP中断的应用

在RAPID程序的执行过程中，如果发生需要紧急处理的情况，这就要求机器人中断当前的执行，程序指针PP马上跳转到专门的程序中对紧急的情况进行相应的处理，紧急情况结束以后，程序指针PP返回到原来被中断的地方，继续往下执行程序。那么，用来处理紧急情况的专门程序，就叫做中断程序（TRAP）。

中断程序经常会用于出错处理及外部信号的响应这种实时响应要求高的场合。例如，当需要对一个传感器的信号进行实时监控时，可以编写一个中断程序。

（1）在正常的情况下，di1的信号为0。

（2）如果di1的信号从0变为1的话，就对reg1数据进行加1的操作。

常用中断指令如表8-1所示。

表8-1 常用中断指令

指令	说明
IDelete	取消指定的中断
CONNECT	连接一个中断符号到中断程序
ISignalDI	使用一个数字输入信号触发中断

8.3.7 RAPID 常用程序逻辑控制指令

1. 条件逻辑判断指令

条件逻辑判断指令是用于对条件进行判断后，执行相应的操作，是 RAPID 中重要的组成部分。

2. Compact IF 紧凑条件判断指令

Compact if 紧凑型条件判断指令用于当一个条件满足以后，就执行一句指令。

3. IF 条件判断指令

IF 条件判断指令，就是根据不同的条件去执行不同的指令。

4. FOR 重复执行判断指令

FOR 重复执行判断指令，是用于一个或多个指令需要重复执行数次的情况。

5. WHILE 条件判断指令

WHILE 条件判断指令，用于在给定的条件满足的情况下，一直重复执行相应的指令。

6. ProcCall 调用例行程序指令

通过使用此指令在指定的位置调用例行程序。

7. RETURN 返回例行程序指令

RETURN 返回例行程序指令，当该指令被执行时，则马上结束例行程序的执行，返回程序指针到调用此例行程序的位置。

8. WaitTime 时间等待指令

WaitTime 时间等待指令用于程序在等待一个指定的时间以后，再继续向下执行。

8.4 任务实现

任务1 配置 DSQC652

配置 DSQC652 需要设置的参数如表 8 – 2 所示。

表 8 – 2 配置 DSQC652

使用来自模板的值	名称	设备网地址
DSQC652 24VDC I/O Device	D652	10

任务2 配置 DSQC652 的 I/O 信号

运行机器人分拣和码垛程序需要配置的 I/O 信号如表 8 – 3 所示。

表8-3 配置的I/O信号

名称	信号类型	分配单位	反物理值	单元映射	信号用途说明
D652_in1	数字输入	D652	On	0	电动机上电
D652_in2	数字输入	D652	On	1	程序复位并运行
D652_in3	数字输入	D652	On	2	程序停止
D652_in4	数字输入	D652	On	3	程序启动
D652_in5	数字输入	D652	On	5	电动机下电
D652_out1	数字输入	D652	On	1	推料气缸
名称	信号类型	分配单位	反物理值	单元映射	信号用途说明
D652_out5	数字输入	D652	On	5	控制吸盘
D652_out7	数字输入	D652	On	7	控制环形光源
D652_out9_green	数字输入	D652	Yes	9	控制机器人上电指示灯
D652_out10_yellow	数字输入	D652	Yes	10	控制机器人下电指示灯
D652_out11_red	数字输入	D652	Yes	11	机器人急停信号灯

任务3 配置系统输入输出与I/O信号的关联

在示教器中，根据表8-4配置系统输入、输出。

表8-4 系统输入、输出与I/O信号的关联

类型	信号名	动作\状态	用途说明
系统输入	D652_in1	Motor On	电动机上电
系统输入	D652_in2	Start Main	从主程序运行（初始化）
系统输入	D652_in3	Start	程序启动
系统输入	D652_in4	Stop	程序停止
系统输入	D652_in5	Motor Off	电机下电
系统输入	D652_out11_red	Emergency Stop	急停信号灯
系统输入	D652_out9_green	Motor On State	上电信号灯
系统输入	D652_out10_yellow	Motor Off State	下电信号灯

任务 4　设置 TCP 工具坐标系

完成本任务需要设置吸盘工具，用 4 点法 + XZ 方向的方式设置吸盘的 TCP。以手动操作使吸盘在 TCP 练习模块中以 4 种不同姿态对准 TCP 设置点。再设置好 X 和 Z 的方向，如图 8 - 11 所示。

图 8 - 11　设置 TCP 工具坐标系

任务 5　设置分拣放置区工件坐标系

工件坐标是使用 3 点法设置，分别是 X 方向的 X_1 和 X_2，Y 方向的 Y_1。以手动操作使吸盘对准 X_1、X_2、Y_1 这 3 个点，如图 8 - 12 所示。

图 8 - 12　设置分拣放置区工件坐标系

任务6　码垛任务点位示教

码垛任务中，一共需要示教4个点。其中包括一个 Home 点及物料区原点、传送带上一个点和视觉定位原点，如图8－13所示。

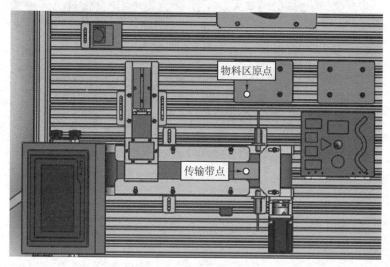

图8－13　码垛任务点位示教

任务7　分拣任务点位示教

在本任务中，一共需示教4个点。其中，识别区1、识别区2的正上方各示教1个拍照点，放料区示教1个放置原点，识别区1的转盘上放置1个抓取原点，如图8－14、图8－15所示。

图8－14　分拣任务点位示教（1）

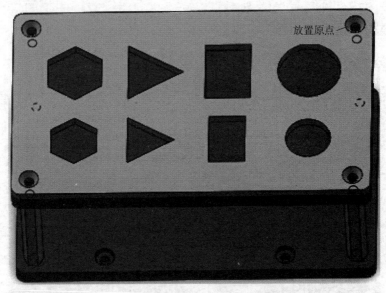

放置原点

图 8 - 15　分拣任务点位示教（2）

任务 8　码垛程序编写与调试

```
! ****************************** 机器人码垛程序 ******************************

MODULE B_Wrok
! ****************************** 程序数据 ******************************
    VAR iodev ComChannel;        !串口通道数据
    VAR string Count;            !字符型数据,用于接收上位机开始指令
    VAR num B_Count: =1;         !数字型数据,该变量决定了程序的执行步骤
    VAR intnum intno1: =0;
    VAR intnum intno2: =0;
    VAR intnum intno3: =0;
    VAR num nYcount: =1;
    VAR num nRcount: =1;
    VAR num nYsum: =0;
    VAR num nRsum: =0;
    VAR num N;
    PERS num sum{17};            !用于缓存上位机数据的数字型变量
    PERS string sumzf{17};       !用于缓存上位机数据的字符型变量

! ─────────────────────────────────────────────────────
! ****************************** TCP 数据 ******************************
```

```
toolxi:=[ *** ];!吸盘 TCP
!————————————————————————————————————

! ******************************* 点位数据 *******************************
 CONST robtarget pB_home:=[ *** ];
 CONST robtarget pB_home2:=[ *** ];
 CONST robtarget pB_home3:=[ *** ];
 CONST robtarget pB_xj1:=[ *** ];
 CONST robtarget pB_xj2:=[ *** ];
!————————————————————————————————————

! ******************************* 主程序 *******************************
PROC B_main()
        rB_init;
      WHILE TRUE DO
        rB_Work;
      ENDWHILEE
NDPROC!————————————————————————————————————
! ************************* 主程序初始化程序 *************************
    PROC rInit()
    VAR robtarget pActualPos;           !定义一个临时位置变量
      Close ComChannel;                 !定义一个串口通道数据
      Open "com1:", ComChannel  \Append \Bin;
      !打开"com1"并连接到 ComChannel
      ClearIOBuff  ComChannel;  !清空串口缓存
      Reset D652_out1;                  !所有 I/O 口复位
      Reset D652_out2;
      Reset D652_out3;
      Reset D652_out4;
      Reset D652_out5;
      Reset D652_out6;
      Reset D652_out7;
      Reset D652_out8;
      VelSet 20,1500;           !设置速度比例以及最大速度
        pActualpos:=CRobT( \Tool:=tool0 \WObj:=wobj0);
        !读取当前位置
      !如果当前位置 z 轴小于 Home 原点 z 轴位置减 200 mm
      IF pActualpos.trans.z<pHome.trans.z-200 THEN
```

```
            pActualpos.trans.z: =pHome.trans.z;
            !先将 z 轴上升到 Home 原点 -200 mm 的高度
            MoveJ offs(pActualpos,0,0, -200), v1500, fine, tool0;
          ENDIF
        MoveJ pHome, v1500, fine, tool0;          !回到 Home 原点
        WriteStrBin ComChannel,"OK";
          !发送字符"OK"给上位机表示机器人准备就绪
    ENDPROC
!————————————————————————————————————————————————————————

! *********************************** 串口接收 ***********************************

PROC comReceive() !关于串口通信协议的详细信息请参看附录
  ClearIOBuff  ComChannel1;       !清空串口缓存
  FOR i FROM 1 TO 16 DO          !接收 16 次数据
    sumzf{i}: =ReadStrbin(ComChannel,1);  !接收串口数据
    TEST sumzf{i}                         !将接收的字符数据转为数字型数据
      CASE "0":sum{i}: =0;
      CASE "1":sum{i}: =1;
      CASE "2":sum{i}: =2;
      CASE "3":sum{i}: =3;
      CASE "4":sum{i}: =4;
      CASE "5":sum{i}: =5;
      CASE "6":sum{i}: =6;
      CASE "7":sum{i}: =7;
      CASE "8":sum{i}: =8;
      CASE "9":sum{i}: =9;
      CASE "a":sum{i}: =10;
      CASE "b":sum{i}: =11;
      CASE "c":sum{i}: =12;
      CASE "d":sum{i}: =13;
      CASE "e":sum{i}: =14;
      DEFAULT:
       TPERASE;
       TPWRITE "The CountNumber is error,please check it!";
        ! 如果接收的字符不能转为数字则报错并且程序复位
       ExitCycle;
    ENDTEST
  ENDFOR
```

```
        OffsData_X: = -((sum{1} *100 + sum{2} *10 + sum{3} + sum{4} /10 + sum
{5} /100) -500); !X 方向的偏移量
        OffsData_Y: = (sum{6} *100 + sum{7} *10 + sum{8} + sum{9} /10 + sum
{10} /100) -500; !Y 方向的偏移量
    !角度偏移量,在本程序中无用
        OffsData_A: = (sum{11} *100 + sum{12} *10 + sum{13} + sum{14} /10 + sum
{15} /100) -500; !
        flat: = sum{16};          !第 16 位信号
ENDPROC
!————————————————————————————————————————————————————


! ********************* 码垛初始化程序 *********************************
PROC rB_init()
        nYcount: =1;
        nRcount: =1;
        nYsum: =0;
        nRsum: =0;
        N: =0;
        WriteStrBin ComChannel, "pal_startlin";
        IDelete intno1;
        CONNECT intno1 WITH tStopline;
        ISignalDI D652_in12, 1, intno1;

        IDelete intno2;
        CONNECT intno2 WITH tStartlin;
        ISignalDI D652_in12, 0, intno2;

        IDelete intno3;
        CONNECT intno3 WITH tReset;
        ISignalDI D652_in6, 1, intno3;

        Set D652_out2;
        MoveJ pB_Home,v1500,z50,tool0;
ENDPROC
!————————————————————————————————————————————————————


! ***************** 码垛程序 ***************************
PROC rB_Work()
```

```
MoveJ pB_Vision,v1500,fine,tool0;!相机移动到拍照点 pB_Vision
Set D652_out7;!打开光源
WaitDI  D652_in12,1;!等待产品到位信号
WaitTime 1;!等待 1s
WriteStrBin ComChannel,"pal_ready";!请求拍照
WaitTime 1;!等待 1s
Reset D652_out7;!关闭光源
Count:=ReadStrbin(ComChannel,6);!接收上位机发来的颜色信息
MoveJ Offs(pB_Pick,0,0,100),v1500,z50,toolxi;
!移动到抓取点的正上方 100 mm 处
MoveL pB_Pick,v100,fine,toolxi;!移动到抓取点处
Set D652_out5;!吸取物料
WaitTime 0.5;!等待 0.5s
MoveL Offs(pB_Pick,0,0,50 + N * 18),v1500,z50,toolxi;
 !移动到抓取点的正上方 50 mm 处
Set D652_out2;!推料
! ------------------------------------------------------------
IF Count = "yellow"THEN!如果物料是黄色
rYcalculate;!调用计算黄色物料的放置位置程序
N:=nYsum;!码垛层数
rPlace;!放置程序
nYcount:=nYcount +1;!黄色物料计数值加 1
    IF nYcount >4 THEN
        nYcount:=1;
        nYsum:=nYsum +1;
    ENDIF
ELSE!否则为红色物料
rRcalculate;!调用计算红色物料的放置位置程序
N:=nRsum;!码垛层数
rPlace;!放置程序
nRcount:=nRcount +1;!红色物料计数值加 1
    IF nRcount >4 THEN!4 个物料为 1 层
        nRcount:=1;
        nRsum:=nRsum +1;
    ENDIF
ENDIF
IF (nRsum +nYsum) >=4 THEN
    MoveJ pB_Home,v1500,z50,tool0;
```

```
        ExitCycle;
    ENDIF


ENDPROC
```

! **************** 黄色物料放置位置计算程序 *****************************

```
PROC rYcalculate()
    TEST nYcount 根据计数值判断放置位置
    CASE 1:
    pB_Place: = offs(pB_PlaceBase,0,0,0);
    CASE 2:
    pB_Place: = offs(pB_PlaceBase,80,0,0);
    CASE 3:
    pB_Place: = offs(pB_PlaceBase,0,60,0);
    CASE 4:
    pB_Place: = offs(pB_PlaceBase,80,60,0);
    DEFAULT:
    ENDTEST
ENDPROC
```

! **************** 红色物料放置位置计算程序 *****************************

```
PROC rRcalculate()
    TEST nRcount 根据计数值判断放置位置
    CASE 1:
    pB_Place: = offs(pB_PlaceBase,160,0,0);
    CASE 2:
    pB_Place: = offs(pB_PlaceBase,240,0,0);
    CASE 3:
    pB_Place: = offs(pB_PlaceBase,160,60,0);
    CASE 4:
    pB_Place: = offs(pB_PlaceBase,240,60,0);
    DEFAULT:
    ENDTEST
ENDPROC
```

! **************** 放置程序 ***************************

```
PROC rPlace()
    MoveL Offs(pB_Place,0,0,50 + 18 * N),v1500,z50,toolxi;
    !移动放置点正上方 50 mm 处
    MoveL Offs(pB_Place,0,0,18 * N), v500, fine, toolxi;
    !根据码垛层数,移动放置点处
```

```
    Reset D652_out5; !  松开吸盘
    WaitTime 1;
    MoveL Offs(pB_Place,0,0,50 + 18 * N),v1500,z50,toolxi;
ENDPROC
! ***************** 停止流水线中断程序 ****************************
TRAP tStopline
        WriteStrBin ComChannel,"pal_stopline"; !向上位机发送指令停止流水线
ENDTRAP
! ***************** 启动流水线中断程序 ****************************
TRAP tStartlin
        WriteStrBin ComChannel,"pal_startlin"; !向上位机发送指令启动流水线
ENDTRAP
! ***************** 推料汽缸复位中断程序 ****************************
TRAP tReset
        Reset D652_out2; !推料汽缸复位
ENDTRAP
!
```

任务 9　分拣程序编写与调试

```
! ************************* 机器人分拣程序 ****************************
MODULE C_Wrok

! ************************** 程序数据 ******************************
VAR iodev ComChannel;        !串口通道数据
VAR string Count;            !字符型数据,用于接收上位机开始指令
VAR  num C_Step: =1;         !数字型数据,该变量决定了程序的执行步骤
VAR  num C_flat: =0;         !数字型数据,该变量缓存了上位机发送的第16位数据
!
! ************************* TCP 数据 ******************************
TASK PERS tooldata toolxi: =[ *** ];  !吸盘 TCP
!
! ************************** 点位数据 ******************************
CONST robtarget pC_PickBase: =[ *** ]; !抓物料标定原点
CONST robtarget pC_Vision1: =[ *** ];   !识别区 1 拍照点
CONST robtarget pC_Vision2: =[ *** ];   !识别区 2 拍照点
CONST robtarget pC_PlaceBase: =[ *** ]; !放物料标定原点
```

```
!──────────────────────────────────────────────────────

! ******************************** 主程序 ********************************
 PROC  main()
        WHILE TRUE DO
          IF C_Step =1 THEN
                C_rZhaoxiang_1;  !到识别区 1 照相
                C_Step: =2;
          ENDIF
          IF C_Step =2 THEN
                C_rZhaoxiang_2;  !将找到的物料吸到识别区 2 再次识别
                C_Step: =3;
          ENDIF
          IF C_Step =3 THEN
            C_rWrok;                !将物料分类放好
            IF C_flat =0 THEN  !如果还有数据
             C_Step: =2;        !将找到的物料吸到识别区 2 再次识别
            ELSEIF C_flat =1 THEN !如果没有数据
             C_Step: =1;        !到识别区 1 照相
            ELSE              !否则程序复位并在示教器上提示错误
             TPERASE;
             TPWRITE "The CountNumber is error,please check it!";
             ExitCycle;
            ENDIF
          ENDIF
        ENDWHILE
ENDPROC
!──────────────────────────────────────────────────────

! ******************************** 初始化程序 ********************************
   PROC rInit()
    VAR robtarget pActualPos;              !定义一个临时位置变量
      Close ComChannel;                !定义一个串口通道数据
      Open "com1:", ComChannel   \Append \Bin;
      !打开"com1"并连接到 ComChannel
      ClearIOBuff  ComChannel;   !清空串口缓存
      Reset D652_out1;                !所有 I/O 口复位
      Reset D652_out2;
```

```
                Reset D652_out3;
                Reset D652_out4;
                Reset D652_out5;
                Reset D652_out6;
                Reset D652_out7;
                Reset D652_out8;
                VelSet 20,1500;              !设置速度比例以及最大速度
                    pActualpos:=CRobT( \Tool:=tool0 \WObj:=wobj0);
            !读取当前位置
                !如果当前位置z轴小于Home原点z轴位置减200 mm
                IF pActualpos.trans.z<pHome.trans.z–200 THEN
                    pActualpos.trans.z:=pHome.trans.z;
            !先将z轴上升到Home原点–200 mm的高度
                    MoveJ offs(pActualpos,0,0,–200),v1500,fine,tool0;
                ENDIF
                MoveJ pHome,v1500,fine,tool0;  !回到Home原点
                WriteStrBin ComChannel,"OK";
                !发送字符"OK"给上位机表示机器人准备就绪
            ENDPROC
!————————————————————————————————————————————————


! ***************************** 串口接收 *****************************
PROC comReceive()
    ClearIOBuff  ComChannel;      !清空串口缓存
    FOR i FROM 1 TO 16 DO          !接收16次数据
        sumzf{i}:=ReadStrbin(ComChannel,1);  !接收串口数据
        TEST sumzf{i}                        !将接收的字符数据转为数字型数据
        CASE "0":sum{i}:=0;
        CASE "1":sum{i}:=1;
        CASE "2":sum{i}:=2;
        CASE "3":sum{i}:=3;
        CASE "4":sum{i}:=4;
        CASE "5":sum{i}:=5;
        CASE "6":sum{i}:=6;
        CASE "7":sum{i}:=7;
        CASE "8":sum{i}:=8;
        CASE "9":sum{i}:=9;
```

```
    CASE "a":sum{i}:=10;
    CASE "b":sum{i}:=11;
    CASE "c":sum{i}:=12;
    CASE "d":sum{i}:=13;
    CASE "e":sum{i}:=14;
    DEFAULT:
      TPERASE;
      TPWRITE "The CountNumber is error,please check it!";
      !如果接收的字符不能转为数字则报错并且程序复位
      ExitCycle;
    ENDTEST
  ENDFOR
  OffsData_X:= -((sum{1}*100+sum{2}*10+sum{3}+sum{4}/10+sum
{5}/100)-500);!X方向的偏移量
  OffsData_Y:=(sum{6}*100+sum{7}*10+sum{8}+sum{9}/10+sum{10}/
100)-500;!Y方向的偏移量
  !角度偏移量,在本程序中无用
  OffsData_A:=(sum{11}*100+sum{12}*10+sum{13}+sum{14}/10+sum
{15}/100)-500;!
  flat:=sum{16};        !第16位信号
ENDPROC
!————————————————————————————————————————
```

```
! *************************** 识别区1拍照 ***************************
PROC C_rZhaoxiang_1()
    MoveJ pC_Vision1,v500,fine,tool0;        !移动到识别区1拍照点
    WaitTime 0.5;                            !等待0.5 s
    WriteStrBin ComChannel,"sor_ready";      !发指令给上位机表示已就绪
    Count:=ReadStrbin(ComChannel,2);         !接收上位机发送的指令
    WHILE Count < >"OK" DO                    !如果指令不为OK则继续等待
      WriteStrBin ComChannel,"sor_ready";    !回发指令给上位机
      Count:=ReadStrbin(ComChannel,2);       !接收上位机发送的数据
    ENDWHILE

ENDPROC
!————————————————————————————————————————
```

```
! ****************** 从识别区1抓物料到识别区2拍照 ******************
```

```
PROC C_rZhaoxiang_2()
    WriteStrBin ComChannel,"DataDemand";  !向上位机请求数据
    comjieshou;                            !接收上位机
    C_flat:=flat;                          !缓存第16位数据
    !移动到物料上方
    MoveJ RelTool(pC_PickBase,OffsData_Y,OffsData_X,-50 \Rz:=Offs-
Data_A),v500,fine,toolxi;!
    MoveL RelTool(pC_PickBase,OffsData_Y,OffsData_X,-10 \Rz:=Offs-
Data_A),v500,fine,toolxi;
    MoveL RelTool(pC_PickBase,OffsData_Y,OffsData_X,3 \Rz:=OffsDa-
ta_A),v100,fine,toolxi;
    Set D652_out6;    !吸盘吸住物料
    WaitTime 0.5;
    !移动到物料上方
    MoveL RelTool(pC_PickBase,OffsData_Y,OffsData_X,-50 \Rz:=Offs-
Data_A),v500,fine,toolxi;
    !//--------------------------------------------
    MoveJ Offs(pC_Vision2,0,0,50),v500,z50,toolxi;!移动到识别区2上方
    MoveL Offs(pC_Vision2,0,0,10),v500,z50,toolxi;
    MoveJ pC_Vision2,v100,fine,toolxi;           !移动到识别区2
    WaitTime 0.5;
    WriteStrBin ComChannel,"sor_DataDemand";!发指令给上位机表示已经就绪
    WaitTime 0.5;
ENDPROC


!--------------------------------------------------------------

! ************************** 物料分类入库 **********************************
PROC C_rWrok()
    comjieshou;               !接收上位机数据
    WHILE flat=13 DO          !如果第16位为13
      MoveL RelTool(pC_Vision2,0,0,0 \Rz:=OffsData_A),v150,fine,
toolxi;!原地进行角度偏移
      WaitTime 0.5;
      WriteStrBin ComChannel,"sor_DataDemand";  !回发指令给上位机
      WaitTime 0.5;
      comjieshou;                           !接收上位机数据
    ENDWHILE
```

```
    MoveL Offs(pC_Vision2,0,0,50),v500,z50,toolxi;  !移动到识别区2上方
MoveJ Offs(pC_PlaceBase,-OffsData_X,OffsData_Y,50),v500,z10,
toolxi;
    MoveL Offs(pC_PlaceBase,-OffsData_X,OffsData_Y,10),v500,z10,
toolxi;
    MoveL Offs(pC_PlaceBase,-OffsData_X,OffsData_Y,-1),v50,fine,
toolxi;
    Reset D652_out5;
    WaitTime 0.5;
    MoveL Offs(pC_PlaceBase,-OffsData_X,OffsData_Y,50),v1500,fine,
toolxi;
ENDPROC
!
ENDMODULE
!
```

8.5　考 核 评 价

考核任务1　修改码垛程序，改变码垛功能的物件放置区域

　　要求：了解 ABB 机器人多功能工作站的码垛功能。修改码垛程序，并能实现将黄色物件放入物件区1，红色物件放入物件区2。能用专业语言正确流利地展示配置的基本步骤，思路清晰、有条理，能圆满回答教师与同学提出的问题，并能提出一些新的建议。

考核任务2　修改分拣程序，对抓取物件角度设置上限

　　要求：了解 ABB 机器人多功能工作站的分拣功能。修改分拣程序，并能实现当抓取物件角度大于90°时程序自行复位。能用专业语言正确流利地展示配置的基本步骤，思路清晰、有条理，能圆满回答教师与同学提出的问题，并能提出一些新的建议。

8.6　扩 展 提 高

扩展任务1　使用 ABB RobotStudio 编写码垛程序

　　要求：使用 ABB RobotStudio 编写码垛程序，能用专业语言正确流利地展示配置的基本

步骤，思路清晰、有条理，能圆满回答教师与同学提出的问题，并能提出一些新的建议。

扩展任务2　使用 ABB RobotStudio 编写分拣程序

要求：使用 ABB RobotStudio 编写分拣程序，能用专业语言正确流利地展示配置的基本步骤，思路清晰、有条理，能圆满回答教师与同学提出的问题，并能提出一些新的建议。